EINSTEIN SE EERSTE FOUT

Tydsinteval

Evgeni Bantutov

ЕДБ

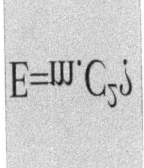

Copyright © 2022 Evgeni Bantutov

All rights reserved

The characters and events portrayed in this book are fictitious. Any similarity to real persons, living or dead, is coincidental and not intended by the author.

No part of this book may be reproduced, or stored in a retrieval system, or transmitted in any form or by any means, electronic, mechanical, photocopying, recording, or otherwise, without express written permission of the publisher.

Cover design by: ЕДБ

CONTENTS

Title Page
Copyright
1. Voorwoord — 1
2. Inleiding — 2
3. Beskrywing van die probleem — 3
4. Oplossing vir die probleem — 56
5. Ontleding 02.02.2022. — 62
6 Ontleding 22022022 — 68
7. Definisie omgewing — 70
8. Verduidelikings vir die definisie-omgewing. — 71
9. Gevolgtrekking — 77

1. VOORWOORD

Hierdie boek is getiteld Einstein se eerste fout. Dit is ontwerp as 'n tweede uitgawe en uitgebreide weergawe van die boek "Einstein's Mistake". Aansienlike dele van die hoofteks is geredigeer, en drie nuwe hoofstukke is bygevoeg.

2. INLEIDING

Die Spesiale Relatiwiteitsteorie is deur Albert Einstein geskep. Dit is 'n teorie van tyd, ruimte en beweging.

In die skepping van die Spesiale Relatiwiteitsteorie het Einstein horlosies gebruik wat tyd meet.

Hierdie horlosies moet sinchronies loop. Om hulle sinchronies te laat werk, moet hulle vooraf gesinchroniseer word. Sinchronisasie van horlosies word altyd gedoen deur 'n metode om die sinchrone werking van horlosies te verifieer.

Die metode wat Albert Einstein gebruik is onmoontlik. Wanneer Albert Einstein se metode onmoontlik is, dan is Spesiale Relatiwiteit ook onmoontlik.

Dit is wat ons in hierdie boek sal wys.

Daar is baie figure in die boek. Deur die figure word Albert Einstein se metode a om die sinchrone werking van horlosies te kontroleer maklik gewys en verduidelik.

Wanneer daar syfers is, verstaan lesers wat nie 'n spesiale opleiding in fisika het nie dadelik wat Albert Einstein se fout was.

Die boek is heel doelbewus gemaak, vir mense wat nie spesialiste in fisika is nie, maar wat daarvan hou om te dink, te ontleed en antwoorde op interessante fisiese vrae en natuurraaisels te soek.

3. BESKRYWING VAN DIE PROBLEEM

In 1905 het die artikel " Zur elek $_t$rodynamik verhuiser Körper " Annalen _ der Physik 1905 17, 891-921).

Die skrywer is baie jonk, en sy naam is Albert Einstein. Na hierdie artikel het hy 'n wêreldbekende navorser geword.

Die artikel bestaan uit 'n inleiding, twee dele en tien paragrawe. Die belangrikste dinge word in die eerste drie bladsye van die artikel gesê. Op hierdie paar bladsye word die idees wat die basis vorm van die Spesiale Relatiwiteitsteorie getoon. Hierdie idees is onderhewig aan ernstige kritiek en kan beswaar gemaak word.

Die belangrikste beswaar is teen Albert Einstein se metode om horlosies te sinchroniseer.

Hier is wat Einstein sê:

As 'n horlosie op 'n punt in die ruimte geleë is, dan kan die waarnemer wat by geleë A **is die tyd van gebeure direk by bepaal** A**. Deur te vra vir die toeval van die gelyktydige met hierdie gebeure die posisie van die wysers van die klok. As daar op 'n ander punt** B **in die ruimte ook 'n horlosie is, - ons kan byvoeg, "'n horlosie met presies dieselfde toestel as die een wat in** A**, - dan is dit steeds moontlik om die tyd van gebeure in** die onmiddellike omgewing te bepaal, **vanaf die een wat in die** B **waarnemer geleë is.**

Sonder 'n bykomende aanname is dit egter nie moontlik

om 'n gebeurtenis in tyd A, met 'n gebeurtenis in te vergelyk nie B; tot dusver het ons "tyd A" en "tyd B" gedefinieer, maar nie die algemene, vir A en B "tyd" nie.

Ons kan laasgenoemde doen deur per definisie aan te neem dat die tyd wat dit lig neem om van A tot te bereik B gelyk is aan die tyd wat dit neem om van B tot te bereik A. Laat dit presies wees op 'n oomblik t_A relatief tot tyd A, 'n ligstraal word gerig van A na B, op 'n oomblik t_B relatief tot tyd B, dit word weerkaats van B na A, en op 'n oomblik t'_A relatief tot "tyd A", keer dit terug na A. **Per definisie word twee horlosies gesinchroniseer as:**

$$t_B - t_A = t'_A - t_B$$

Dit is die teks waarin Albert Einstein sy metode wys om twee horlosies te sinchroniseer, en bewys dat hierdie twee horlosies gesinchroniseer werk. Einstein se metode word maklik verduidelik en verstaan deur die gebruik van 'n numeriese voorbeeld.

Byvoorbeeld, 'n waarnemer A stuur 'n ligpuls om agtuur in die oggend. Agtuur is 'n oomblik in tyd t_A.

$$t_A = 8$$

As die twee horlosies gesinchroniseer is, moet die waarnemer se horlosie B ook agtuur lees.

Die begin van die ligpuls kom by punt B, en dan wys die horlosie van die waarnemer by punt B, tienuur. Tienuur is 'n oomblik van tyd t_B

$$t_B = 10$$

As die twee horlosies gesinchroniseer is, behoort die waarnemer se horlosie A ook tienuur te lees.

Die straal word weerkaats vanaf punt , en keer om B twaalfuur terug na 'n waarnemer . A Twaalf uur is 'n oomblik van tyd t'_A.

$$t'_A = 12$$

As die twee horlosies gesinchroniseer is, moet die horlosie by punt B, ook twaalfuur wys.

Die ligpuls beweeg die afstand van A tot B in twee uur, en reis die omgekeerde afstand, van B tot A, weer in twee uur.

Volgens Einstein se definisie word twee horlosies gesinchroniseer as:

$$t_B - t_A = t'_A - t_B$$

In Einstein se formule vervang ons die oomblikke van tyd met hul numeriese waardes, en kry die uitdrukking:

10-8=12-10

Dit word verkry:

2=2.

Die gelykheid is waar, daarom is die horlosies gesinchroniseer. Alles is baie eenvoudig en die leser is oortuig daarvan dat enige kommentaar onnodig is.

Ongelukkig is dit nie waar nie.

Nou gaan ek en jy, liewe leser, Albert Einstein se metode noukeurig ontleed.

Albert Einstein sê die volgende:

Laat dit juis op 'n oomblik t_A relatief tot "tyd A" wees dat 'n ligstraal van na gerig A word B, op 'n oomblik t_B relatief tot "tyd B", word dit weerkaats van B na A, en op 'n oomblik t'_A relatief tot "tyd A", keer dit terug na A.

Uit wat gesê is, volg dit dat wanneer die straal by punt aankom B, dit van punt moet reflekteer B, en in die teenoorgestelde rigting, na punt moet begin beweeg A. Albert Einstein het nie verduidelik hoe 'n ligstraal weerkaats word nie. Einstein het nie 'n spesifieke manier gewys waarop die lig sou weerkaats en van punt B tot punt begin beweeg nie A.

Ons weet almal dat die maklikste manier om lig te reflekteer deur 'n spieël is.

Byvoorbeeld, in die artikel deur G. B. Malinin ("Oor die moontlikhede van eksperimentele toetsing van die tweede postulaat van spesiale relatiwiteitsteorie" Uspekhi fiziknih Nauk, 2004, volume 174.) word geskryf dat die refleksie van lig uitgevoer word deur 'n spieël.

Daarom besluit ons ook om 'n spieël te gebruik. Vir hierdie doel plaas ons 'n spieël by punt B. Die reflekterende oppervlak van die spieël is na die punt gerig A.

Om dit baie duidelik te maak, sien Figuur 1.

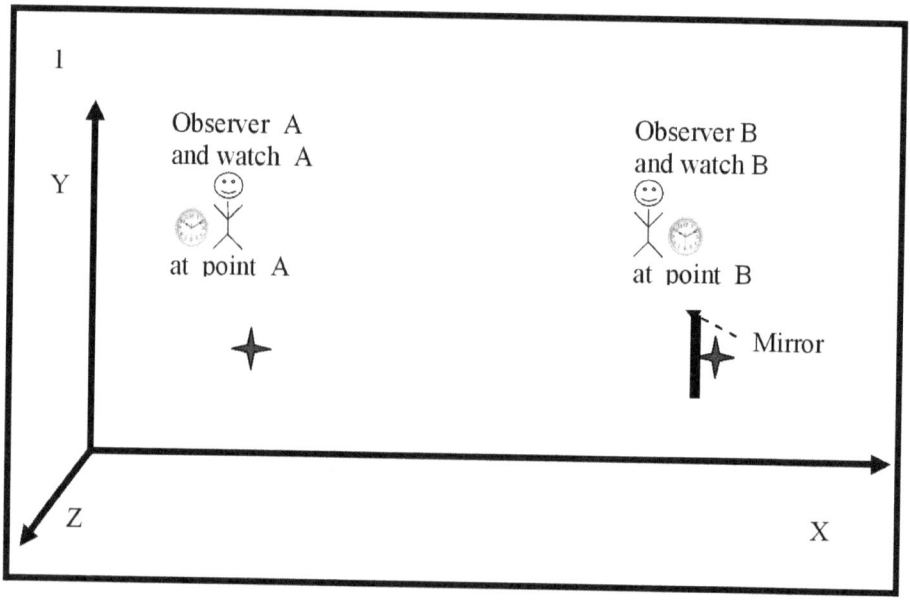

Figuur 1 toon:

Koördinaatstelsel XYZ.

'n Punt A waar 'n waarnemer geleë A is wat van 'n horlosie voorsien is A.

'n Punt B waar 'n waarnemer geleë B is wat van 'n horlosie voorsien is B. 'n Spieël word voor die punt geplaas B, wat 'n ligstraal kan weerkaats.

Punt A, en punt B is gemerk met die simbool "✦".

Die horlosies by punt A en punt B is dieselfde. Wanneer die horlosies dieselfde is, word aanvaar dat hulle dieselfde tyd meet.

Waarnemer A weet nie hoe die wysers van 'n waarnemer se horlosie beweeg nie B.

Omgekeerd weet 'n waarnemer B nie hoe die wysers van 'n waarnemer se horlosie beweeg nie A. Die horlosies moet gesinchroniseer word.

Albert Einstein het voorgestel om die beweging van die wysers van die twee horlosies te sinchroniseer deur 'n ligstraal te gebruik. Albert Einstein se metode sê dat 'n waarnemer A 'n ligstraal na 'n waarnemer stuur B. 'n Laser kan gebruik word.

Sien Figuur 2.

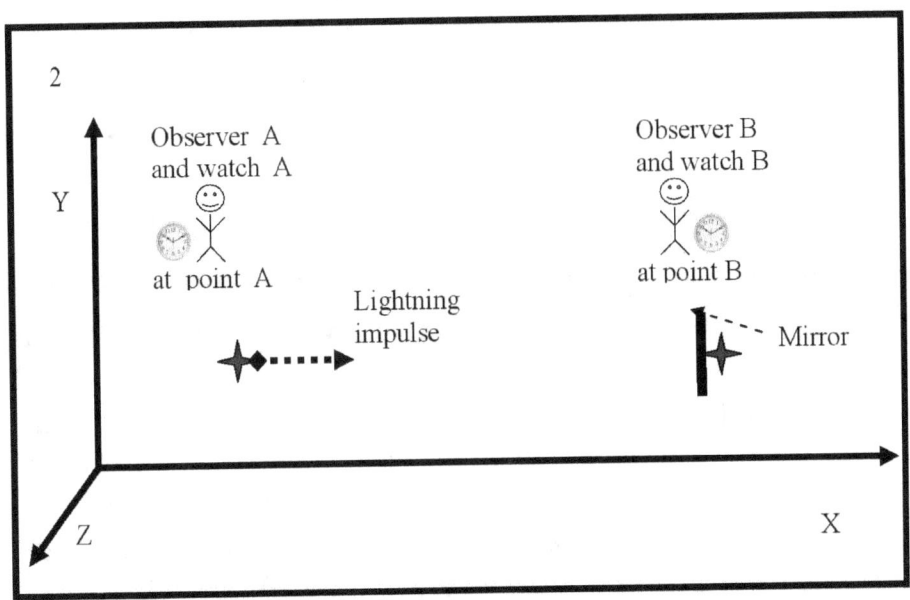

Figuur 2 toon 'n laserligpuls.

'n Ligpuls het 'n begin en 'n einde. Die verskyning van die begin van die ligpuls is 'n gebeure wat op 'n oomblik in tyd plaasvind t_A. Die waarnemer A bepaal die oomblik in tyd t_A deur middel van sy horlosie, wat in die onmiddellike omgewing van 'n punt geleë is A. Die waarnemer by 'n punt A onthou dat die gebeurtenis "verskyning van die begin van die ligpuls" op 'n tydstip plaasgevind het t_A.

Die ligpuls begin beweeg na die waarnemer wat by punt geleë is B.

Sien figuur 3.

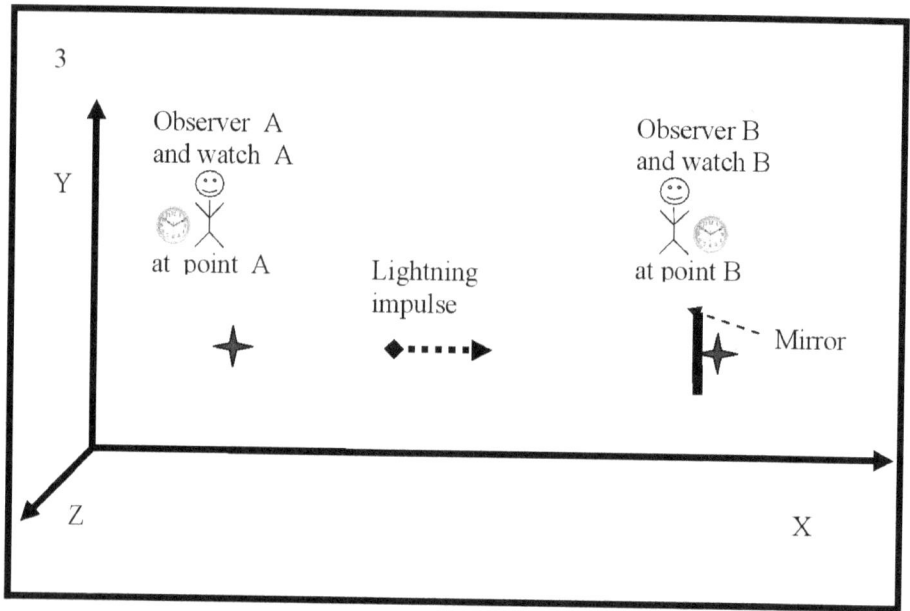

Figuur 3 wys dat die ligpuls iewers tussen punt A en punt lê B.

Die waarnemer wat by punt geleë is A, kan nie die beweging van die ligstraal waarneem nie. Maar die waarnemer wat by punt geleë is A, weet (het inligting) dat die ligstraal beweeg na die waarnemer wat by punt geleë is B, en dat die ligstraal van die spieël (wat by punt geleë is B) sal reflekteer en terug sal terugkeer. te wys A.

Die waarnemer by punt A, kyk noukeurig na die lesings van sy horlosie en wag vir die terugkeer van die ligstraal, terug na punt A.

Die ligpuls kom by punt B.
Sien Figuur 4.

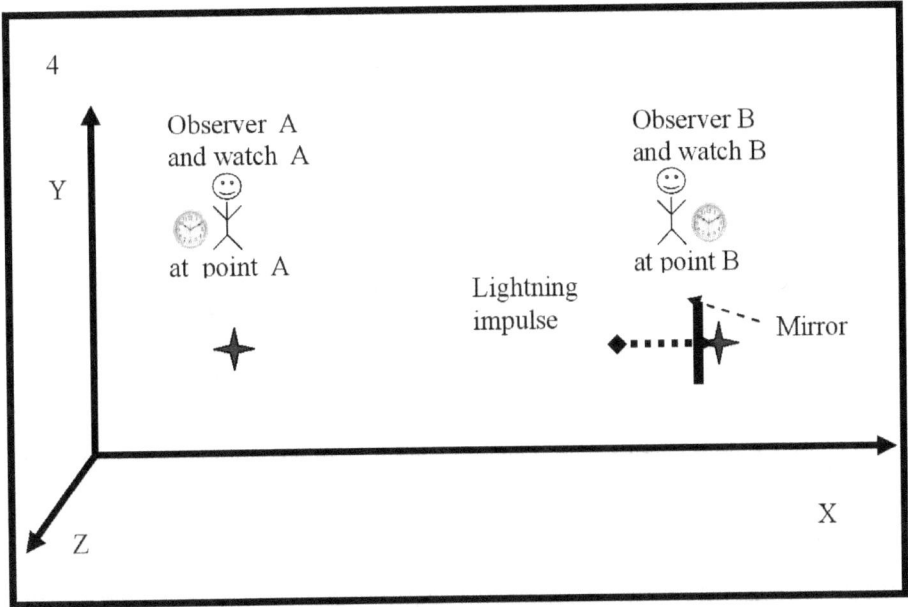

Figuur 4 toon dat die waarnemer by 'n punt B die aankoms van die ligpuls opmerk en dit deur die spieël sien weerkaats. Die aankoms van die ligstraal by 'n punt B en die weerkaatsing van die ligstraal vanaf die spieël is twee gebeurtenisse wat op dieselfde oomblik in tyd plaasvind t_B.

Sien figuur 5.

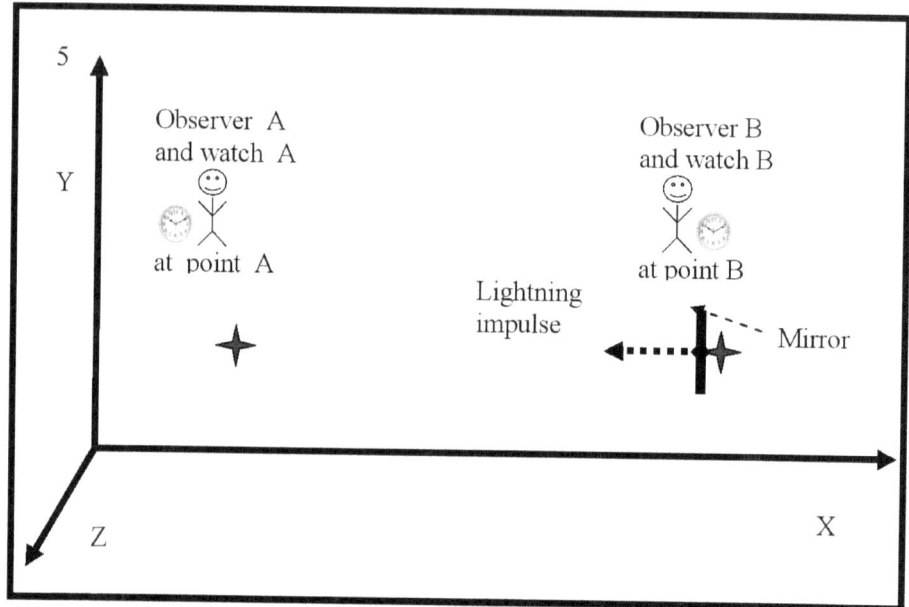

Figuur 5 toon die aankoms en weerkaatsing van die ligpuls. Die waarnemer B merk op 'n punt op dat hierdie twee gebeurtenisse, aankoms en refleksie, op dieselfde tydstip plaasvind t_B. Die oomblik van tyd t_B word aangeteken deur die lesings van die wysers van die horlosie, van die waarnemer by punt B. Die waarnemer, wat by punt geleë is B, onthou dat die aankoms en weerkaatsing van die ligstraal op 'n oomblik in tyd plaasvind t_B.

Die ligpuls word deur die spieël weerkaats en beweeg terug na 'n punt A waar die waarnemer geleë is A.

Sien Figuur 6.

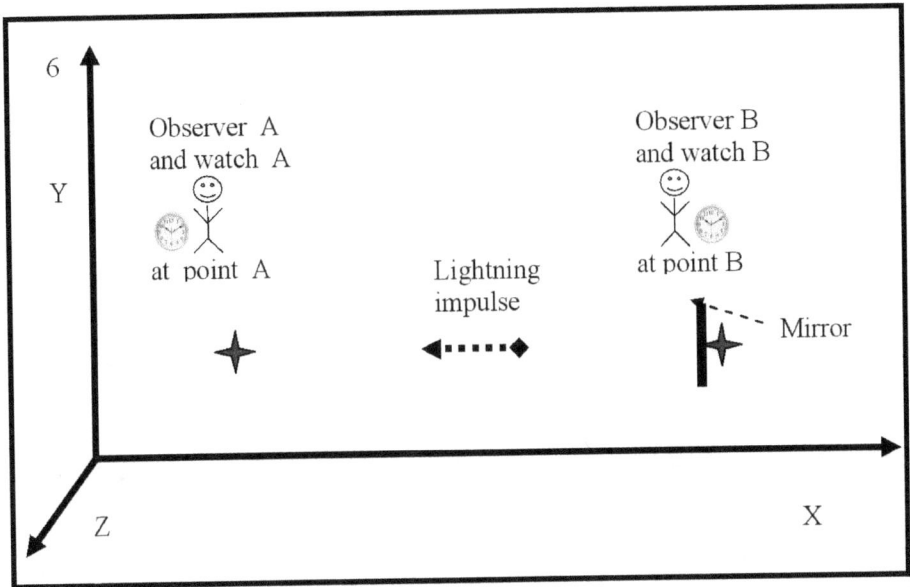

Figuur 6 toon dat die ligpuls iewers tussen punt A en punt geleë is B. Die waarnemer by punt A, en die waarnemer by punt B, kan nie die beweging van die ligpuls waarneem nie, maar hulle weet dat die puls van punt B tot punt beweeg A

Die ligpuls kom by punt A.

Sien Figuur 7.

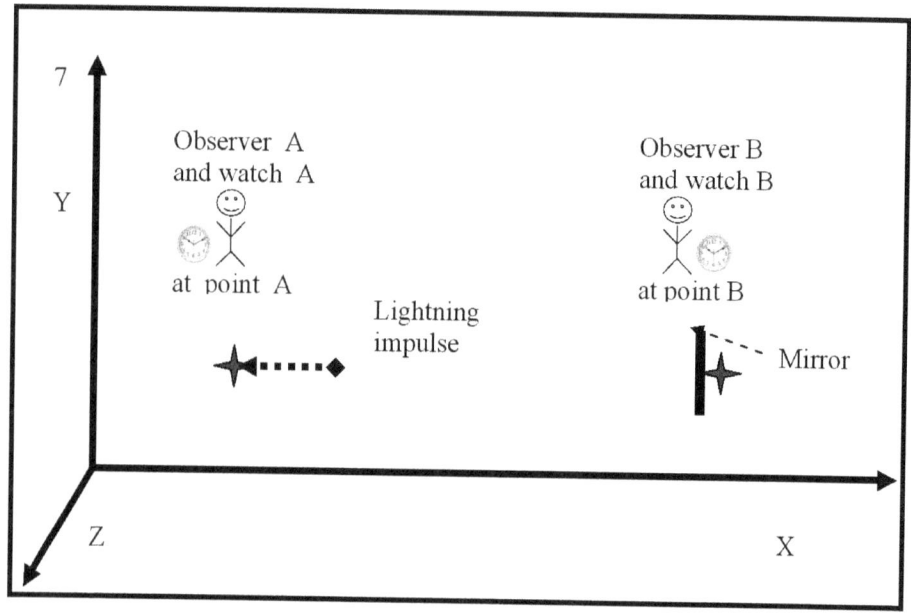

Figuur 7 toon dat die aankoms van die pols by punt A 'n gebeure is. Die waarnemer in punt A merk op dat die aankoms van die ligpuls op 'n oomblik in tyd plaasvind t'_A. Die meting van die oomblik van tyd t'_A word uitgevoer deur die lesings van die horlosie, wat by punt geleë is A. Die waarnemer op 'n punt A onthou die oomblik van tyd t'_A, want die oomblik van tyd t'_A, is nodig om die twee horlosies te sinchroniseer.

Nadat die gedagte-eksperiment uitgevoer is, kom vier belangrike resultate na vore.

Eerste belangrike resultaat:

Die waarnemer by 'n punt A ken **die** numeriese waarde van die tyd t_A toe die ligpuls die punt verlaat het A, en **ken** die numeriese waarde van die tyd t'_A toe die ligpuls by die punt teruggekom het A.

'n Tweede belangrike resultaat:

Die waarnemer by 'n punt A ken **nie** die numeriese waarde van die oomblik van tyd t_B wanneer die ligpuls by die punt aangekom het nie B.

'n Derde belangrike resultaat:

Die waarnemer in punt B **weet** dat die ligpuls by 'n punt aangekom het B, op 'n oomblik in tyd t_B, aangeteken deur 'n horlosie B.

Vierde belangrike resultaat :

Die waarnemer by 'n punt B ken **nie** die numeriese waarde van die tydstip t_A toe die ligpuls die punt verlaat het nie A, en **hy ken nie** die numeriese waarde van die tydstip t'_A toe die ligpuls by die punt teruggekom het nie A.

Vir die twee horlosies om volgens gesinchroniseer te word, moet die voorwaarde nagekom word:

$$t_B - t_A = t'_A - t_B$$

Om die wiskundige uitdrukking te skryf, moet ten minste een van die twee waarnemers, óf die waarnemer wat by punt geleë is, óf die waarnemer wat by punt A geleë is B, **weet die drie numeriese waardes,** op die oomblikke van tyd t_A, t_B en t'_A.

Ongelukkig ken nie een van die twee waarnemers, die eerste by punt A, en die tweede geleë op punt B, **die drie numeriese waardes** van tydoomblikke t_A, t_B en t'_A.

Sien Figuur 8.

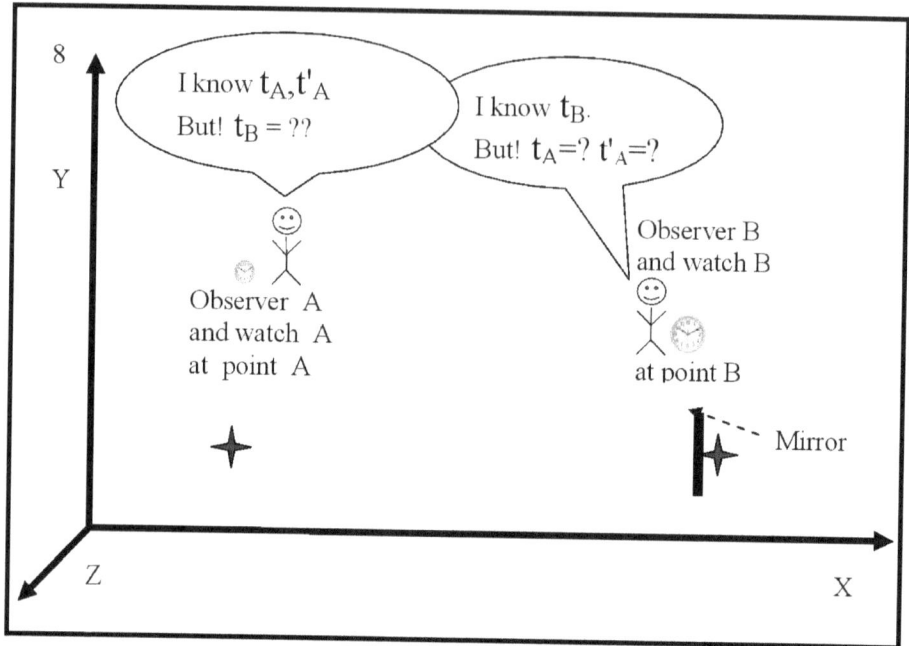

Figuur 8 wys dat dan nie een van die waarnemers, die eerste by punt A, en die tweede geleë by punt B, die wiskundige uitdrukking kan skryf nie

$$t_B - t_A = t'_A - t_B$$

waarteen tydintervalle bepaal word.

Aangesien die wiskundige uitdrukking nie geskryf kan word nie, volg dit dat waarnemers nie die twee tydintervalle kan bereken nie. As waarnemers nie die twee tydintervalle kan bereken nie, kan hulle nie die twee horlosies sinchroniseer nie.

Ons het 'n ontleding gedoen, en die resultaat van die ontleding is dat Albert Einstein 'n verskriklike fout gemaak het, en sy metode om die sinchroniese werking van twee horlosies te bewys, was verkeerd.

Dit laat die vraag ontstaan, het Albert Einstein werklik 'n fout gemaak? Miskien het ons, in ons ontleding, iets verwar?

Ons ontleding en die gevolgtrekking wat ons gemaak het, is korrek. As Albert Einstein se metode 'n spieël gebruik het om die ligpuls te reflekteer, kon die horlosies nie gesinchroniseer word nie.

Die probleem is dat Albert Einstein nie in detail, in detail, verduidelik het hoe die geestelike 'n eksperiment. Besonderhede is baie belangrik wanneer 'n gedagte-eksperiment uitgevoer word, maar ongelukkig het Albert Einstein nie aandag aan hierdie feit gegee nie.

In hierdie situasie moet ons dink en oorweeg wat Albert Einstein wou sê. Wanneer ons Albert Einstein se idee verstaan, moet ons die manier verander, die metode om die twee horlosies te sinchroniseer en die resultate weer te ontleed.

Ons het reeds verstaan dat die waarnemer wat by punt geleë is A, weet t_A, en t'_A, maar nie die oomblik van tyd ken nie t_B, en nie die twee tydintervalle kan bereken en wys dat hulle gelyk is nie.

Die vraag ontstaan: hoe A sal die waarnemer op punt, die numeriese waarde van die oomblik verstaan t_B?

Die waarnemer A kan die numeriese waarde van die oomblik van veme t_B, van die horlosie wat by 'n punt geleë is B, verstaan deur die gesig van die horlosie wat by 'n punt geleë is direk waar te neem B. Miskien was dit Albert Einstein se idee? Indien wel, dan moet die ligstraal wat van die waarnemer A na die waarnemer gestuur word B, die horlosie wat by die punt geleë is B, verlig en deur die horlosie gereflekteer word B. Die lig wat deur die gesig van 'n horlosie weerkaats word, B sal na 'n waarnemer terugkeer A, en die waarnemer A sal die wysers van 'n horlosie sien B. Dan B moet daar op die punt geen spieël wees nie. 'n Waarnemer se horlosie moet in die plek van die spieël geplaas word B.

Nou sal ons, deur middel van verskeie figure, in detail en in detail, stap vir stap, die essensie van die nuwe gedagte-eksperiment wys.

Sien Figuur 9.

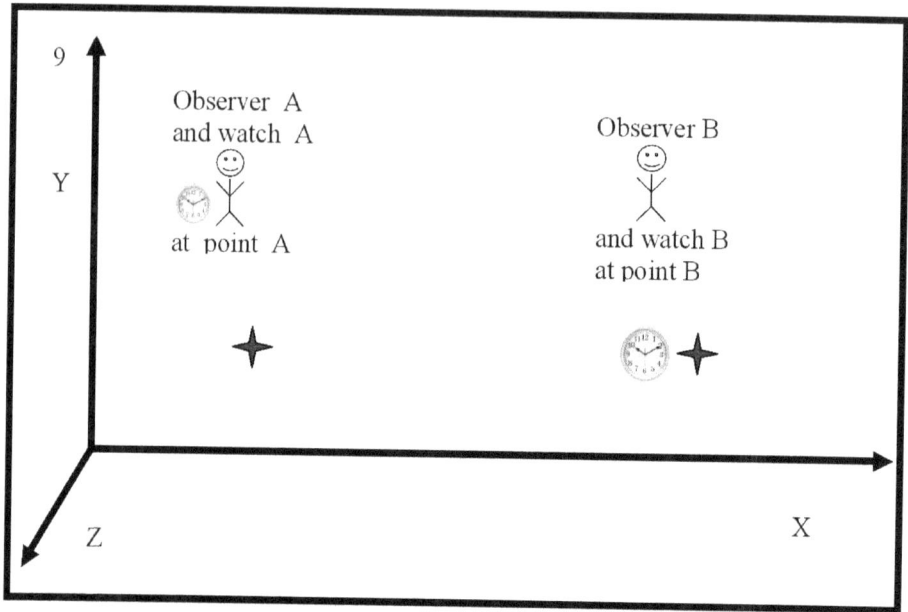

In Figuur 9 word die twee waarnemers getoon. Die eerste waarnemer is in die onmiddellike omgewing van punt geleë A. Langs die waarnemer is 'n horlosie A. Die tweede waarnemer is in die onmiddellike omgewing van punt geleë B. 'n B Waarnemer se horlosie is voor 'n punt geleë B. Die waarnemer B se horlosie is in die plek van die spieël geleë. Die gesig van die horlosie B is na 'n waarnemer gerig A. Wanneer die draaiknop van 'n horlosie B op 'n punt gewys word A, sal die ligpuls die draaiknop verlig en terugreflekteer na 'n waarnemer A.

Die nuwe eksperiment word op 'n ander manier uitgevoer. Die begintoestande is anders. Die belangrikste verskil is dat die waarnemer wat by punt geleë is A, die plasing van die wysers van die horlosie wat by punt geplaas is, moet sien B. Dit sal gebeur wanneer die begin van die ligstraal by 'n horlosie aankom B, en die gesig van 'n horlosie verlig B en teruggekaats word na 'n waarnemer A, en by 'n waarnemer aankom A.

Op die oomblik van verligting sal die pyle die numeriese waarde van die oomblik in tyd wys t_B.

Die vraag ontstaan: hoe kan dit gedoen word sodat

'n waarnemer A die presiese oomblik van verligting van die wyserplaat van 'n horlosie kan sien B?

Die antwoord is maklik. Dit beteken dat die eksperiment in die donker uitgevoer moet word. Daarom, wanneer ons die gedagte-eksperiment uitvoer, "skakel ons die ligte af".

Sien Figuur 10.

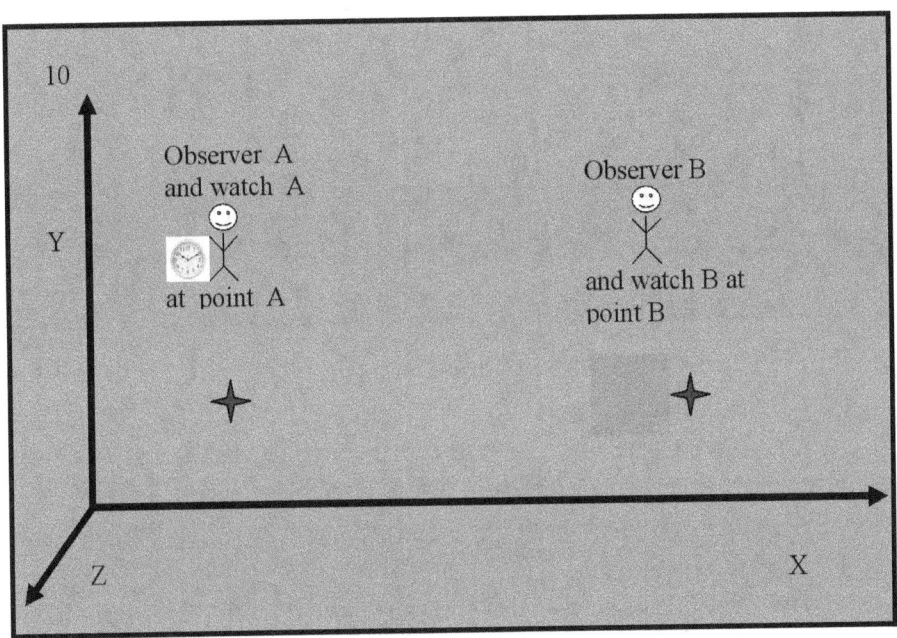

Figuur 10 toon dat die waarnemer wat by punt geleë is A, die wysers van sy horlosie sien A, wat effens verlig is, maar nie die wysers van die horlosie wat by punt geleë is , sien nie B, want dit is donker.

Die waarnemer wat by 'n punt geleë B is, sien nie die wysers van sy horlosie nie B.

'n Waarnemer A stuur 'n ligstraal na 'n waarnemer B.

Sien figuur 11 .

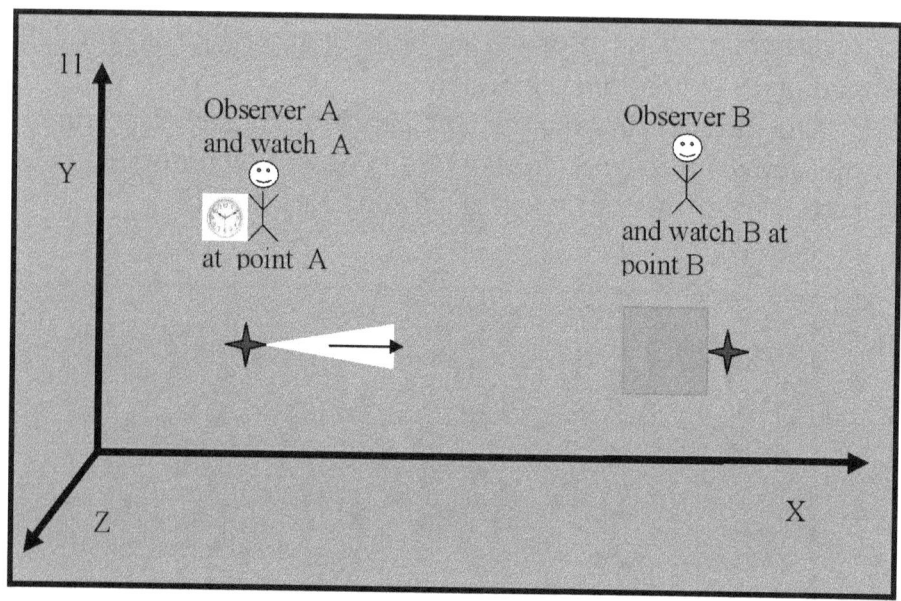

Figuur 11 toon dat die bron van die ligpuls van 'n flitslig is wat na die horlosie gerig is B.

Ons moet onthou dat toe die eerste gedagte-eksperiment uitgevoer is, die bron van die ligpuls 'n laser was. Die verskil tussen die ligpuls van 'n laser en die ligpuls van 'n flitslig is 'n baie belangrike faktor.

Die begin van die laserstraal word van die spieël af weerkaats en bons terug. Die begin van die laserstraal dra geen inligting oor die kloklesing by punt nie B. Die begin van die ligstraal van die flitslig, wanneer dit deur 'n horlosie gereflekteer word B, dra inligting oor die lesings van die horlosie by punt B.

Ons sal sien dat dit hierdie verskil is, tussen die lig van die laser en die lig van die flitslig, wat die metode van sinchronisering van die twee horlosies verander.

Die aanvang van die ligpuls is 'n gebeure wat op 'n tydstip plaasvind t_A. Die waarnemer A bepaal die oomblik in tyd t_A deur sy horlosie, wat in die onmiddellike omgewing van punt A geleë is. Die waarnemer by punt A, onthou dat die gebeurtenis "verskyning van die begin van die ligpuls" op 'n oomblik in tyd plaasgevind het t_A.

Die ligstraal begin na die waarnemer beweeg, wat by punt B geleë is. Die oorsprong van die ligstraal is iewers tussen punt A en punt geleë B.

Sien figuur.12.

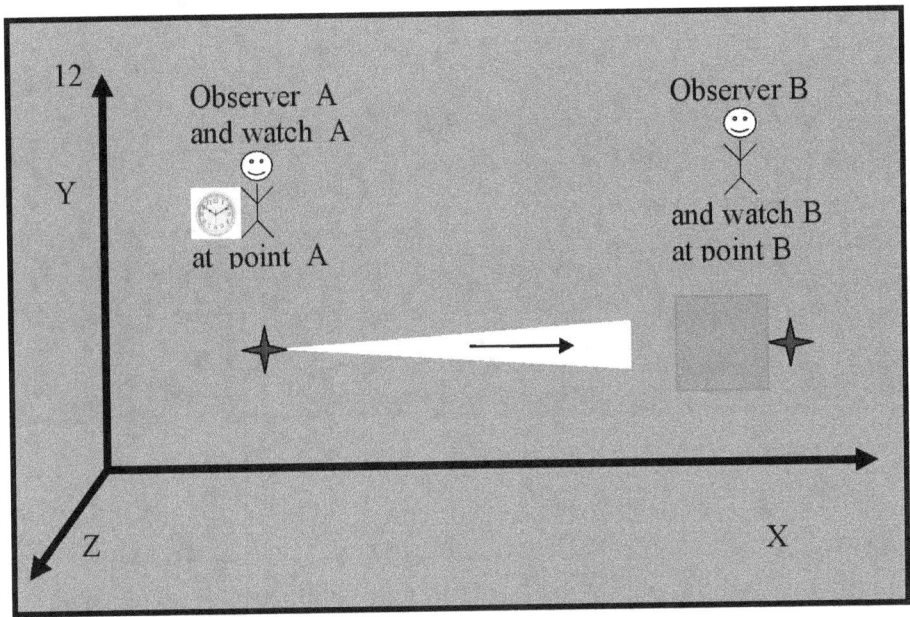

Figuur 12 toon dat die waarnemer by punt A, nie die beweging van die oorsprong van die ligstraal kan waarneem nie. Maar die waarnemer, wat by punt geleë is A, het inligting dat die begin van die ligstraal na die waarnemer wat by die punt geleë is beweeg B en dat die begin van die ligstraal deur die voorkant van die horlosie by die punt gereflekteer sal word B en dat dit sal by punt terugkom A.

Die begin van die ligstraal kom by punt B, en verlig die gesig van die horlosie, wat voor punt geplaas is B.

Sien Figuur 13

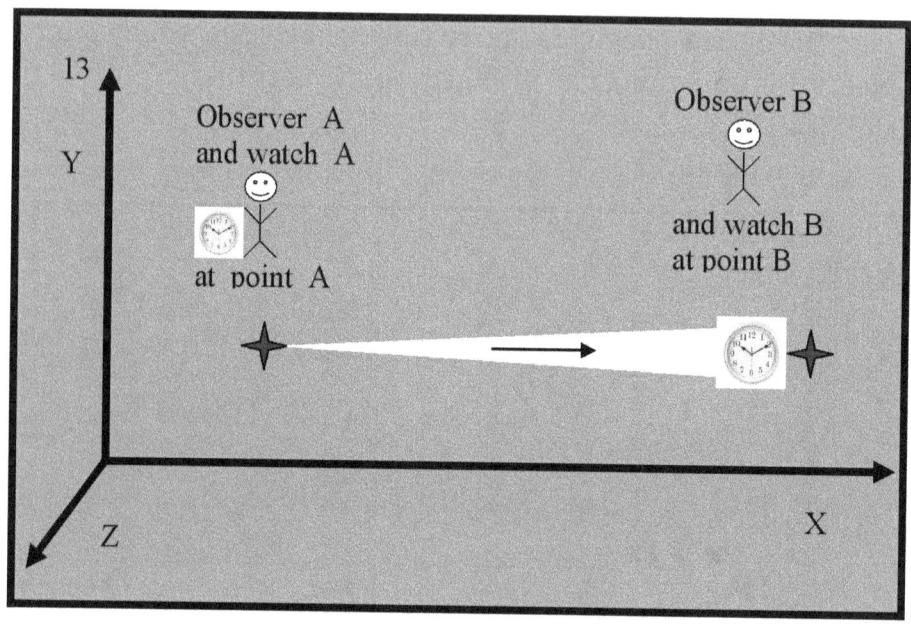

Figuur 13 toon dat wanneer die voorrand van die ligstraal die horlosievlak verlig B, die waarnemer by die punt B die horlosievlak sal sien B. Die waarnemer wat by 'n punt geleë is, B sal die plasing van die wysers van die horlosie sien B. Die pyle sal die oomblik van tyd wys t_B.

Die aankoms van die ligstraal by punt B, die verligting van die horlosieplaat en die weerkaatsing van die ligstraal vanaf die horlosie is drie gebeurtenisse wat op dieselfde oomblik in tyd plaasvind t_B. Die waarnemer B merk op 'n punt op dat hierdie drie gebeurtenisse, naamlik aankoms, beligting en refleksie, op dieselfde tydstip plaasvind t_B. Die waarnemer wat op 'n punt geleë is, B onthou dat die aankoms, beligting en weerkaatsing van die ligstraal op 'n oomblik in tyd plaasvind t_B.

Dit is baie belangrik om te verstaan en te onthou dat wanneer die waarnemer wat by 'n punt geleë B is, die wysers van die verligte horlosie op 'n punt sien B wat die oomblik aandui t_B, op daardie einste oomblik sal die t_B waarnemer wat op 'n punt geleë A is nie die wysers van die horlosie sien op 'n punt B. Die wagter A kyk na die horlosie B, maar sien duisternis. Dit is omdat die ligstraal wat deur die horlosie weerkaats word B nog nie by die waarnemer aangekom het nie A.

Sien Figuur 14.

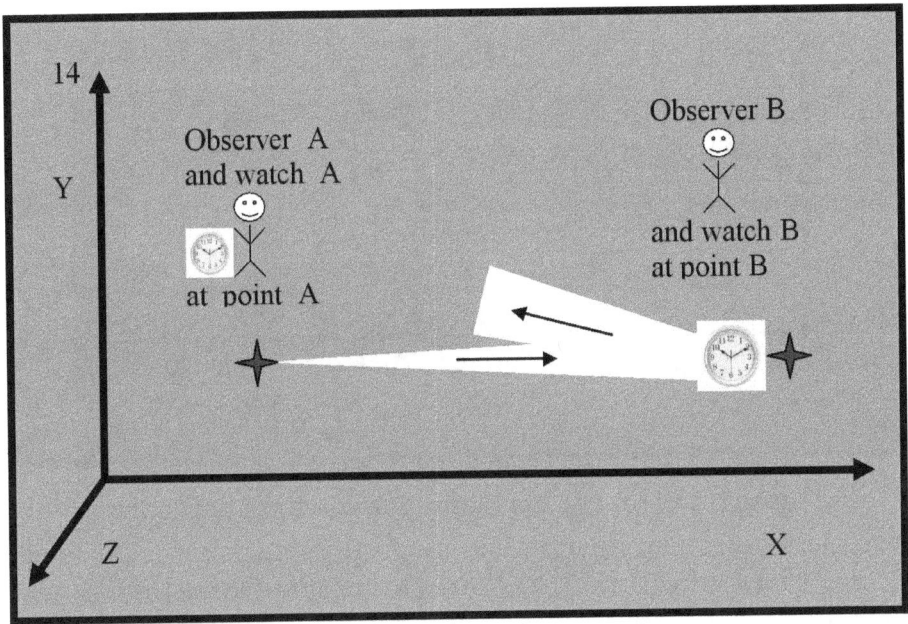

Figuur 14 toon dat die oorsprong van die ligstraal iewers tussen die twee waarnemers is.

Wanneer die gereflekteerde straal by 'n waarnemer aankom A, eers dan sal hy die verligting van die horlosie by punt sien B.

Weereens sal ek sê dat die weerkaatsing van die ligstraal vanaf die klokskakelaar wat by punt geleë is B, 'n baie belangrike element is van die eksperiment wat ons uitvoer. Die weerkaatsing van 'n ligstraal vanaf 'n horlosie is fundamenteel anders in vergelyking met die weerkaatsing van 'n laserstraal van 'n spieël.

Dit is omdat, na refleksie vanaf die horlosie B, die begin van die ligstraal die ligbeeld dra van die verligte horlosie wat by punt geleë is B.

Sien Figuur 15.

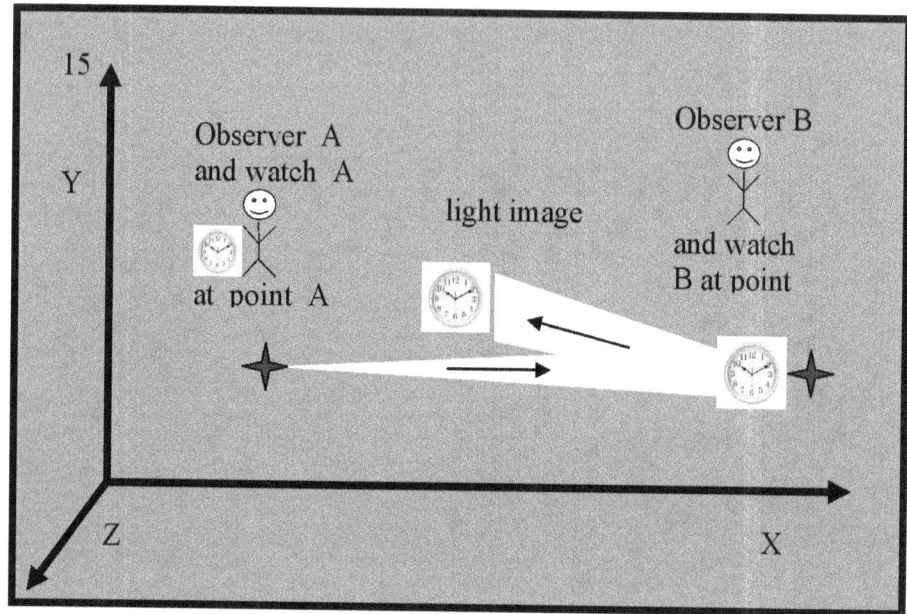

Figuur 15 toon dat die begin van die ligstraal "onthou" het hoe die wysers van die horlosie by punt geplaas is B. Dit is die belangrikste verskil tussen die twee gedagte-eksperimente wat ons ontleed. In die eerste eksperiment was die ligpuls van 'n laser wat deur 'n spieël gereflekteer is en nie 'n ligbeeld gedra het nie. Die gereflekteerde laserligpuls is 'n eenvoudige ligfakkel.

Hierdie feit is baie belangrik, daarom moet dit verstaan en onthou word dat in die tweede eksperiment die begin van 'n ligstraal **inligting bevat** oor die ligging van die wysers van die klok wat by punt geleë is B. Dit is **inligting** oor die kwantitatiewe, numeriese waarde van 'n oomblik in tyd t_B.

Die ligpuls lê iewers tussen punt A en punt B. Die waarnemer by punt A, en die waarnemer by punt B, kan nie die beweging van die ligpuls waarneem nie, maar hulle weet dat die puls van punt B tot punt beweeg A en dat dit die ligbeeld van die verligte horlosievlak wat by punt geleë is, dra B.

Sien Figuur 16.

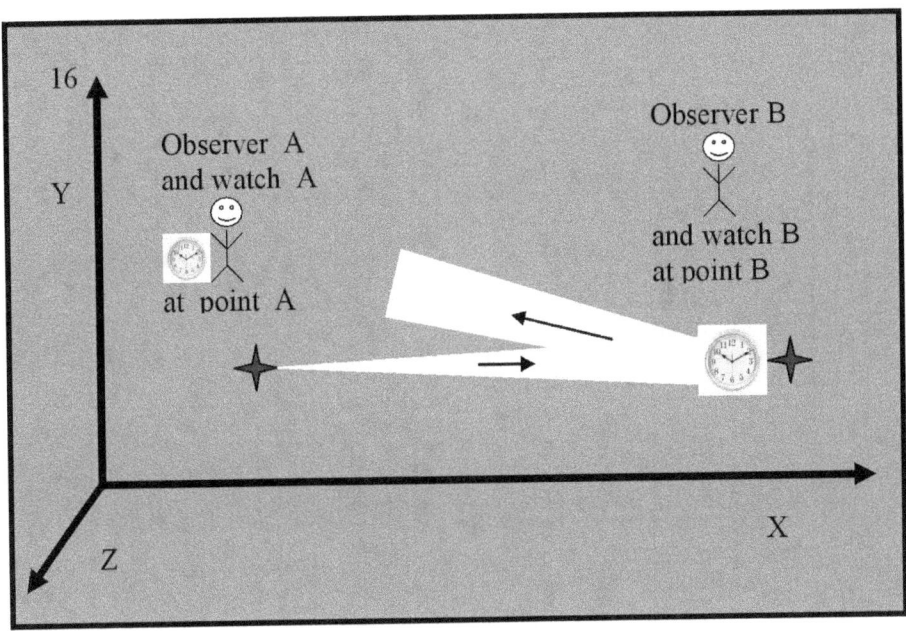

In Figuur 16 word die ligbeeld van die verligte horlosievlak by punt , nie getoon nie B, maar waarnemers en ons weet dat dit daar is.

Die ligpuls kom by punt A.
Sien Figuur 17.

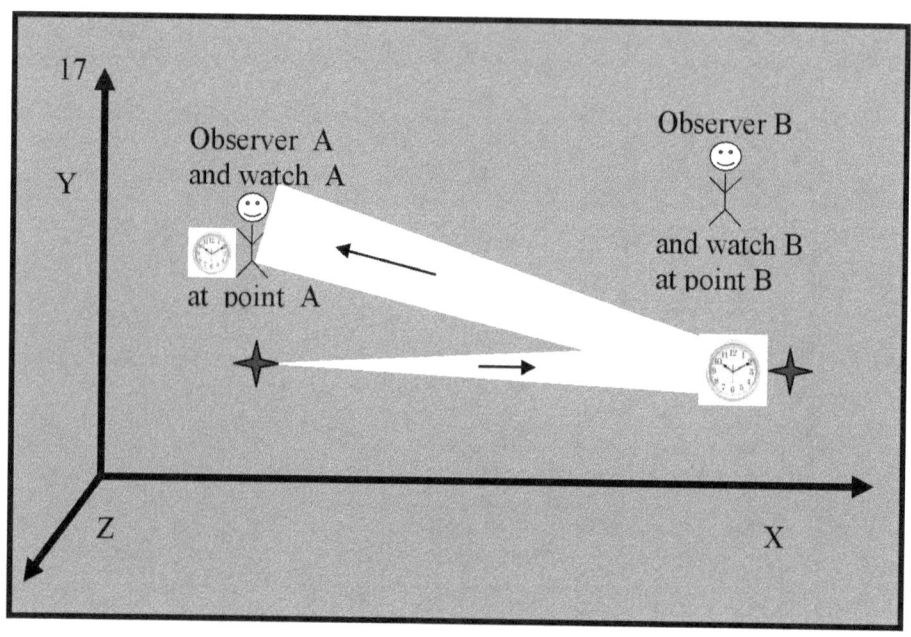

Figuur 17 wys dat wanneer die ligpuls by 'n waarnemer aankom A, sal hy die ligbeeld van die horlosie-wyser op die punt sien B. Die begin van die ligpuls dui die posisie van die wysers van die horlosie by punt aan B. Die posisie van die wysers op 'n horlosie B dui die oomblik in tyd aan t_B. Wanneer die waarnemer wat by punt geleë is A, die posisie van die wysers van 'n horlosie B sien, sal hy **inligting aanvaar** oor die kwantitatiewe waarde, wat die numeriese waarde van die oomblik van tyd is t_B.

Dit gebeur op die oomblik t'_A. Die aanhanger in punt A merk op dat die aankoms van die ligpuls, en die ontvangs van die inligting, op tyd plaasvind t'_A. Die meting van die oomblik in tyd t'_A word getel deur die lesings van die horlosie, wat by punt geleë is A. Die waarnemer in punt A onthou die oomblik in tyd t'_A omdat die oomblik in tyd t'_A nodig is om die twee horlosies te kan sinchroniseer

Wat ons gesê het, is baie belangrik. Dit moet verstaan en onthou word dat:

Op 'n tydstip ontvang t'_A **n waarnemer** A **tydinligting** t_B.

Die gedagte-eksperiment om die twee horlosies te sinchroniseer is voltooi. Nadat die gedagte-eksperiment uitgevoer is, ontvang die waarnemer A en die waarnemer B die volgende resultate:

Waarnemer resultate B:

Eerstens.

Die waarnemer by 'n punt B weet dat die ligpuls by punt aangekom het B, op 'n tydstip t_B, en weerkaats vanaf die spieël op 'n tydstip t_B, aangeteken deur sy horlosie.

Tweedens.

Die waarnemer by 'n punt B ken nie die numeriese waarde van die tydstip t_A toe die ligpuls die punt verlaat A het nie, en hy ken nie die numeriese waarde van die tydstip t'_A toe die ligpuls by die punt teruggekom het nie A. Vir die twee horlosies om gesinchroniseer te word (volgens Albert Einstein), moet die voorwaarde nagekom word:

$$t_B - t_A = t'_A - t_B$$

Om die wiskundige uitdrukking te skryf, B moet die waarnemer wat by punt geleë is, die drie numeriese waardes van die oomblikke van tyd ken t_A, t_B en t'_A.

'n Waarnemer B ken nie die drie numeriese waardes van die tydoomblikke nie t_A, t_B en t'_A. Daarom kan 'n waarnemer B nie die twee horlosies sinchroniseer nie.

Waarnemer resultate A:

Die waarnemer by 'n punt A ken die numeriese waarde van die tyd t_A wanneer die ligpuls die punt verlaat het A.

Die waarnemer by 'n punt A ken die numeriese waarde

van die oomblik van tyd t_B wanneer die ligpuls by die punt aangekom het B.

Die waarnemer by 'n punt A ken die numeriese waarde van die tyd t'_A toe die ligpuls by die punt teruggekom het A.

Albert Einstein het gesê dat die voorwaarde nagekom moet word om die twee horlosies te sinchroniseer:

$$t_B - t_A = t'_A - t_B$$

'n Waarnemer A ken die drie numeriese waardes van die tydoomblikke t_A, t_B en t'_A.

Die waarnemer A skryf die vergelyking, los dit op, en volgens Albert Einstein is dit genoeg, en die horlosies is gesinchroniseer. Die eksperiment wat ons uitvoer het suksesvol geëindig.

Is dit regtig so?

Die antwoord op hierdie vraag is: Nee!

Die gevolgtrekking dat die eksperiment suksesvol voltooi is, is nie waar nie. Ons sal nou wys dat die horlosies dalk nie gesinchroniseer is nie.

Volgens Albert Einstein se metode moet die oomblik van tyd t_B in die middel van die interval wees, tussen t_A en t'_A, en dan word die horlosies gesinchroniseer. Kom ons onthou die eksperiment met die spesifieke getalle van die oomblikke van tyd:

Agt tot tien is twee-uur, en tien tot twaalf is twee-uur. Tien is in die middel van die interval van agt tot twaalf, en dan word die horlosies gesinchroniseer. Vir Albert Einstein is dit die belangrikste ding.

Maar ons beweer dat:

Tien kan **in** die middel van die interval wees, en die horlosies **kan is nie** gesinchroniseer nie.

En dit:

Tien mag **nie** in die middel van die interval wees nie, en die horlosies **is** gesinchroniseer.

Wat is hierdie raaisel, en hoe is dit moontlik?!

Dit is moontlik omdat ons 'n baie belangrike feit vergeet het:

Op 'n tydstip ontvang t_A **n waarnemer** A **inligting oor die tydstip** t_B **vanaf** 'n ander horlosie.

Om **tydinligting** vanaf 'n ander horlosie te kry, t_B verander die hele sinchronisasiemetode.

Ons sal die numeriese voorbeeld nog een keer skryf.

Die ligpuls begin om agtuur, **volgens beide horlosies**, arriveer om tienuur, **volgens beide horlosies,** en keer terug om twaalfuur, **volgens beide horlosies**.

Die belangrikste is gekonsentreer in die term " **volgens die twee horlosies** ."

Dit beteken dat 'n waarnemer, A of 'n waarnemer B, **'n toeval van die gebeure moet sien**. Daar is drie wedstryde.

Eerste wedstryd:

Toeval van die gebeurtenis, wat plaasvind op die oomblik van tyd agtuur volgens A, met die gebeurtenis, wat plaasvind op die oomblik van tyd agtuur volgens B.

Tweede wedstryd:

Toeval van die gebeurtenis, wat plaasvind op 'n oomblik van tyd tien uur volgens A, met die gebeurtenis, wat plaasvind op 'n oomblik van tyd tien uur volgens B.

Derde wedstryd:

Toeval van die gebeurtenis, wat plaasvind op 'n tydstip twaalfuur volgens A, met die gebeurtenis wat plaasvind op 'n tydstip twaalfuur volgens B.

As 'n waarnemer, A of waarnemer B, nie die drie toevallighede van gebeure kan sien nie, kan die horlosies nie sinchroniseer nie.

Ons beweer dat:

Wanneer 'n waarnemer A, of 'n waarnemer B, **inligting** oor die voorkoms van 'n gebeurtenis ontvang, kan die waarnemer nie die **saamval** van die voorkoms van hierdie gebeurtenis met die voorkoms van 'n ander gebeurtenis waarneem nie.

Toeval van gebeure is slegs moontlik en slegs met **"direkte" monitering** . 'n Baie belangrike vraag ontstaan hier: wat beteken **direkte waarneming** ? Einstein het nie hierdie vraag gevra nie en nie die verskynsel van **"direkte waarneming" ontleed nie** . Analise is nodig, veral wanneer dit kom by die wetenskap van kwantummeganika, waar die oomblikke van tyd baie naby aan mekaar is, en die tydintervalle baie klein is.

Kortom, die waarnemer kan nie die twee horlosies sinchroniseer nie.

Nou sal ons weer die eksperiment, versigtig, sonder haas, uitvoer en 'n gedetailleerde ontleding maak.

Om dit duidelik te maak, sien figuur 18.

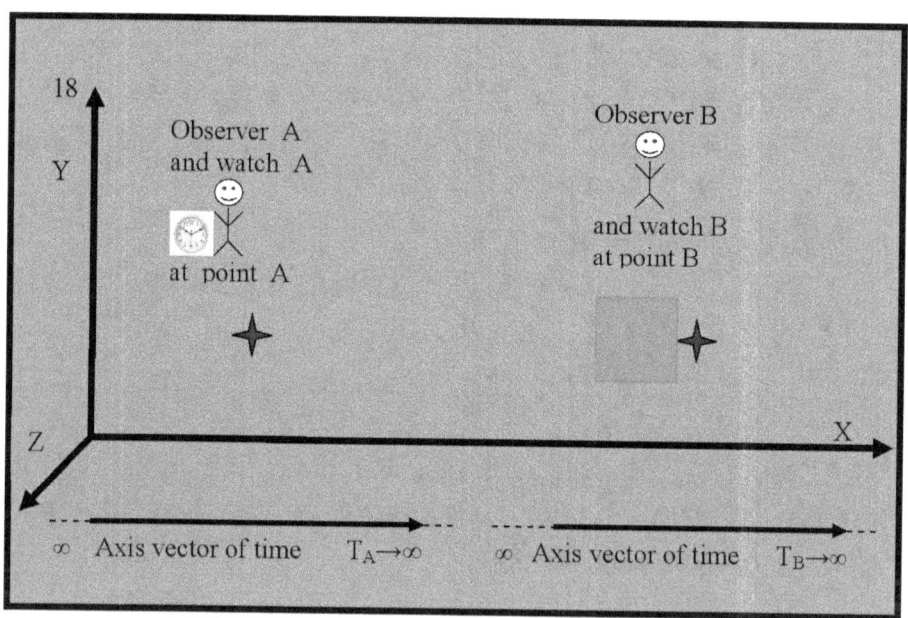

In figuur 18 word 'n waarnemer getoon A wat 'n horlosie sien, A maar nie 'n horlosie sien nie B omdat die horlosie B nie verlig is nie. 'n Waarnemer B wat by punt geleë is B, wat nie 'n horlosie sien nie B omdat die horlosie B nie verlig is nie.

Twee vektore word onderaan die figuur getoon. Dit is koördinaat-asse van tyd. Die linkeras van tyd wat volgens die figuur gewys word, wys hoe die kloktyd verander A, die regterkant wys hoe die kloktyd B verander. Die twee asse van tyd het hul begin begin, in die oneindige verre verlede, en sal aanhou groei, in die oneindige verre toekoms. Die twee tyd-asse is onafhanklik van mekaar omdat hulle van twee onafhanklike horlosies, horlosie A en horlosie, is B. Op die asse sal ons die tydoomblikke van klok A en klok merk B.

Op hierdie manier sal ons die oomblikke van tyd tussen waarnemer A en waarnemer vergelyk B. Ons sal in staat wees om te verstaan watter oomblik in tyd 'n waarnemer sien A wanneer 'n waarnemer B na sy horlosie kyk, en omgekeerd watter oomblik 'n waarnemer sien B wanneer 'n waarnemer A sy horlosie sien.

'n Waarnemer A stuur 'n ligstraal na 'n waarnemer B.

Die bron van die ligstraal is van 'n flitslig, wat gerig is op die horlosie wat by punt geleë is B.

Die verskyning van die begin van die ligstraal is 'n gebeurlike gebeurtenis wat op 'n tydstip plaasvind t_A. Die waarnemer A bepaal die oomblik van tyd t_A deur middel van sy horlosie, wat naby die punt geleë is A.

Die numeriese waarde van die tydstip t_A word op die koördinaat-as op die tydvektor van 'n horlosie gewys A. Die waarnemer by 'n punt A onthou dat die gebeurtenis "verskyning van die begin van die ligpuls" op 'n tydstip plaasgevind het t_A.

Sien Figuur 19.

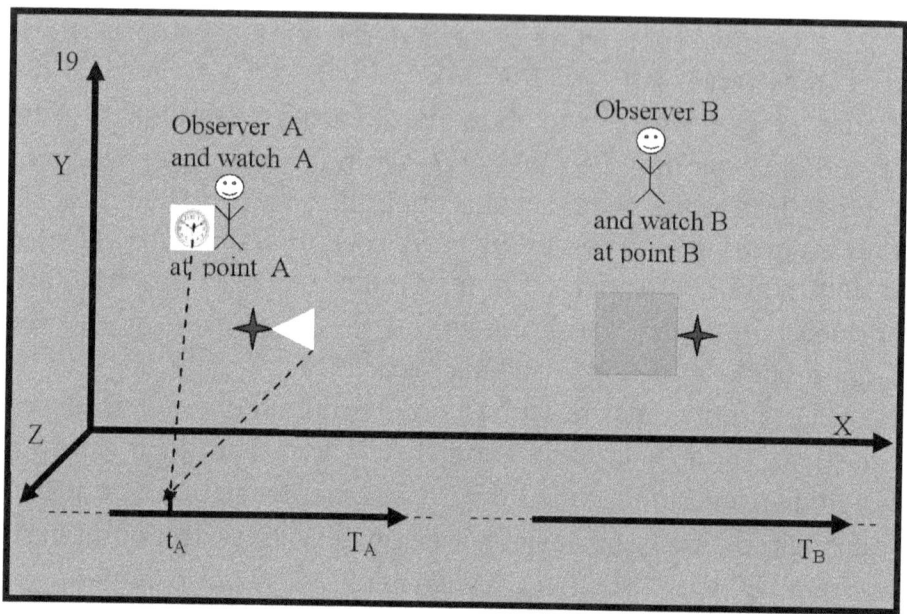

In Figuur 19 is twee stippelpyle sigbaar, wat na die oomblik van tyd wys t_A. Die eerste pyltjie is vanaf die horlosie A tot by die huidige tyd t_A. Dit is die kloklesing A. Die tweede pyl begin by die begin van die ligstraal, en eindig by t_A en dui aan dat die begin van die ligstraal op die oomblik van tyd verskyn het t_A.

Wanneer 'n waarnemer se horlosie A tyd aandui t_A, dan sal die waarnemer se horlosie B 'n tyd van sy eie wys, wat ons met die simbool aandui t_{BA}.

Sien Figuur 20

EINSTEIN SE EERSTE FOUT

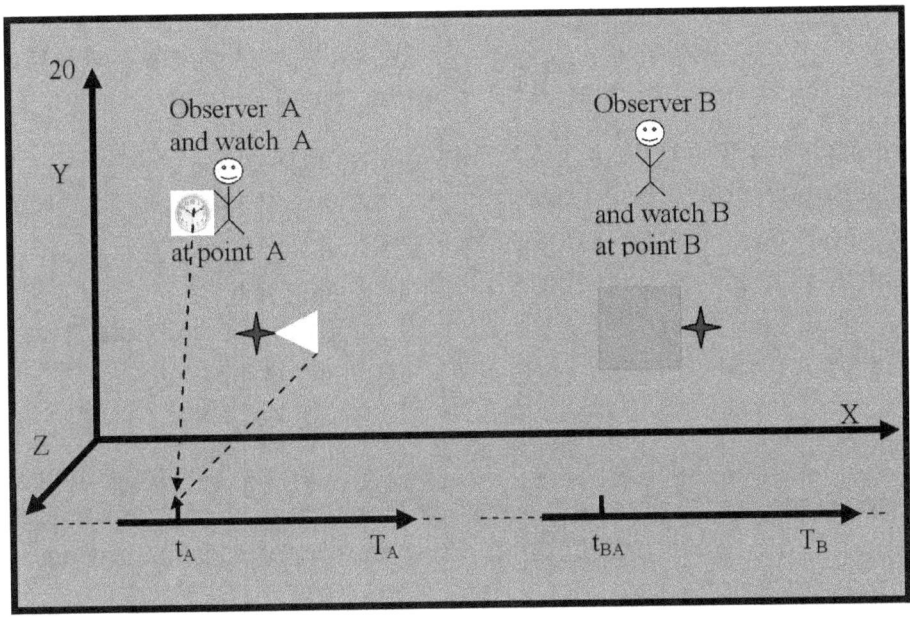

Figuur 20 toon die oomblik van tyd t_{BA}, wat op die vektor T_B, van klok is B. As ons aanvaar dat die horlosie B en die horlosie A dieselfde tyd meet en wys, dan die oomblik van tyd t_A moet gelyk wees aan die oomblik van tyd t_{BA}.

Twee vrae ontstaan.

Die eerste vraag is:

Kan 'n waarnemer A weet dat die oomblik van tyd t_A gemeet deur sy horlosie A gelyk is aan die oomblik van tyd t_{BA} gemeet deur 'n horlosie B?

Die antwoord is nee. Dit is omdat 'n waarnemer A na die horlosie kyk B, maar dit is donker daar. Dit is donker omdat die horlosie B nie deur die ligstraal verlig word nie. Wanneer die ligstraal by 'n horlosie aankom B, en van die voorkant van 'n horlosie weerkaats B, en terugkeer na 'n waarnemer A, eers dan sal die waarnemer A die oomblik van tyd t_{BA} op die horlosie sien B. Wanneer 'n waarnemer A sien oomblik t_{BA} van kloktyd B, sal hy na sy horlosie kyk en t_{BA} die kloktyd B met sy kloktyd vergelyk A. Sy horlosie A sal 'n ander tyd wys wat nie gelyk is aan die huidige tyd nie t_{BA}. Dit is omdat lig teen 'n spoed van driehonderdduisend kilometer per sekonde beweeg, en dit reis die afstand van punt B tot punt A in 'n reële tydinterval. Hierdie werklike interval is 'n vertraging wat die klok wys A.

Waarnemer A, kan nie die voorkoms van die twee gebeurtenisse waarneem nie, kan nie die voorkoms van die oomblikke van tyd waarneem nie, kan nie die twee oomblikke van tyd vergelyk nie t_A en t_{BA}, kan nie 'n toeval van gebeure waarneem wat plaasvind nie, en kan nie onomwonde stel dat hy, die waarnemer, op hierdie manier die twee horlosies sinchroniseer nie.

Die tweede vraag is:

Kan 'n waarnemer B weet dat dit t_A gelyk is aan t_{BA}?

Die antwoord is nee. Dit is onmoontlik omdat 'n waarnemer B die horlosie van 'n waarnemer sien A wat effens verlig is, maar nie die gebeurtenis sien wat "die ligstraal verlaat" vanaf punt nie A, want die begin van die ligstraal is steeds iewers tussen punt A en punt B.

Die begin van die ligstraal, en die kloklesing A, vir die oomblik van tyd t t_A, beweeg saam.

Sien Figuur 21.

EINSTEIN SE EERSTE FOUT

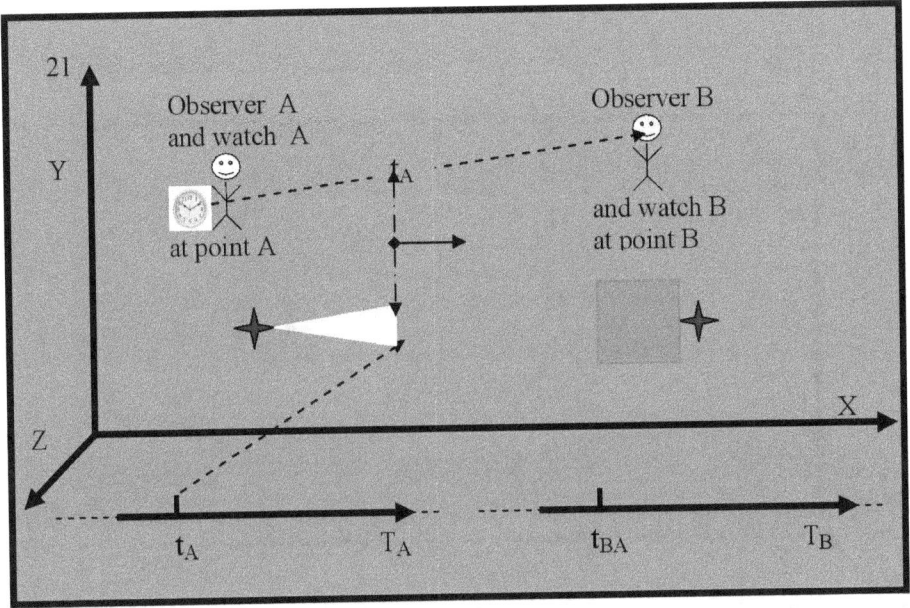

Figuur 21 wys dat die ligbeeld van die horlosie A op die stippelpyl beweeg wat die horlosie A met die waarnemer verbind B.

'n Waarnemer B sal die "ligstraalvertrek"-gebeurtenis slegs sien wanneer die begin van die ligstraal by 'n waarnemer aankom B en 'n horlosievlak verlig B.

Die belangrikste ding is dat 'n waarnemer B nie die toeval kan sien van die gebeurtenis "oomblik van tyd t_A op die klok A" met die gebeurtenis "oomblik van tyd t_{BA} op die klok B".

Die waarnemer B kan nie sê of dit t_A gelyk is aan t_{BA}, en kan nie die oomblik van tyd bepaal nie t_{BA}.

Die oomblik van tyd t_{BA} kan nie deur die twee waarnemers bepaal word nie. Daarom, in die volgende figure, word die tydstip t_{BA} nie op die kloktydvektor getoon nie B.

Op hierdie stadium van die eksperiment kan die waarnemers nie die twee horlosies sinchroniseer nie.

Die ligpuls beweeg steeds na die waarnemer wat by punt

geleë is B.
Sien Figuur 22.

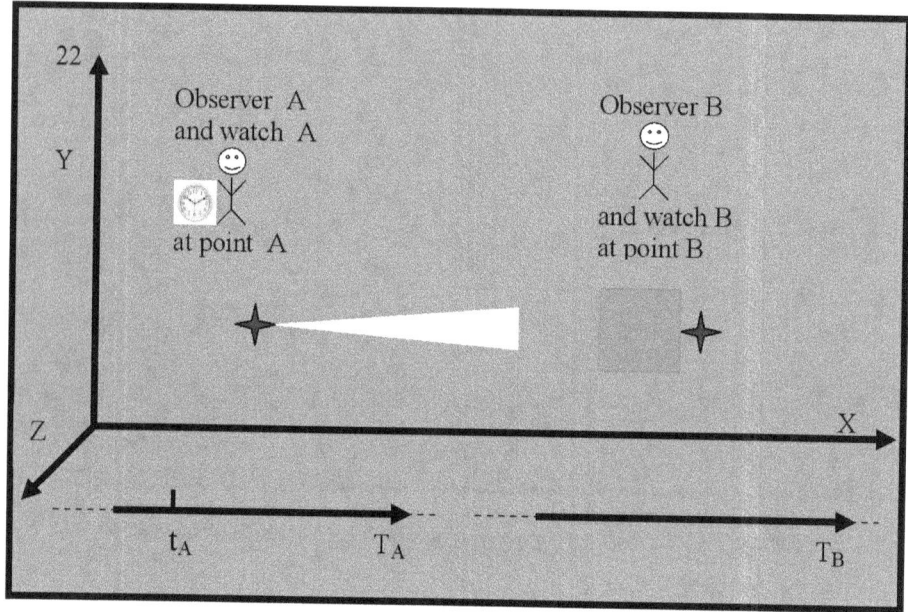

Figuur 22 toon dat die oorsprong van die ligpuls iewers tussen punt A en punt geleë is B. 'n Waarnemer A, en 'n waarnemer B, kan nie die beweging van die begin van die ligpuls waarneem nie. Maar 'n waarnemer B en 'n waarnemer A weet dat die oorsprong van die ligpuls na punt beweeg B. Hulle het **inligting** dat die balk beweeg.

Die begin van die ligstraal kom by 'n punt B en verlig die horlosie B. Die waarnemer by punt B, kyk na die verligte horlosieplaat en sien dat, volgens sy horlosie, die numeriese waarde van die oomblik van tyd is t_B.

Sien figuur 23.

EINSTEIN SE EERSTE FOUT

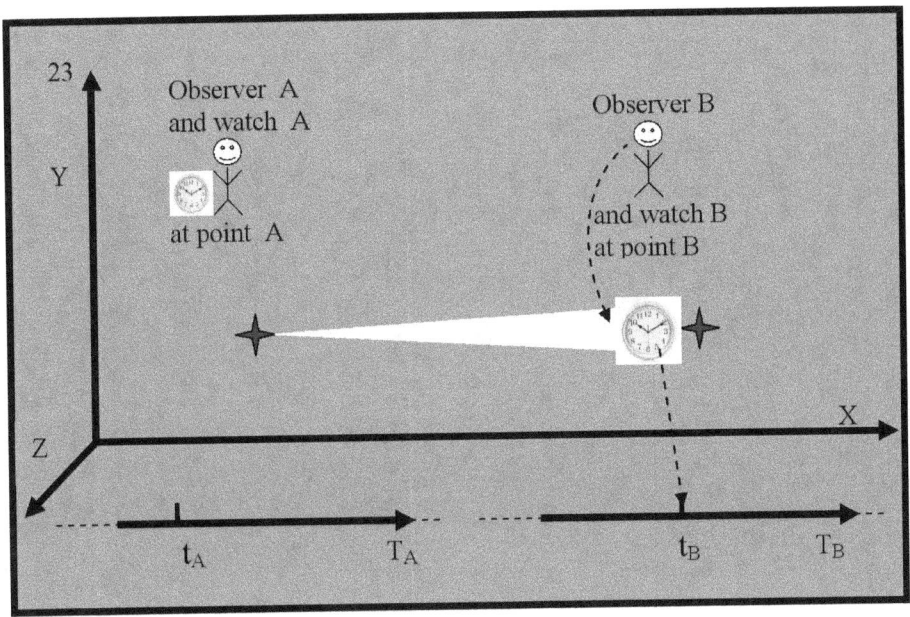

In Figuur 23 word die tydstip t_B op die tyd-as van 'n horlosie getoon B.

Wanneer 'n waarnemer B, sien die wysers van 'n horlosie B, wat die oomblik van tyd aandui t_B, die wysers van 'n waarnemer se horlosie A, sal 'n oomblik van tyd aandui t_{AB}.

Sien figuur 24.

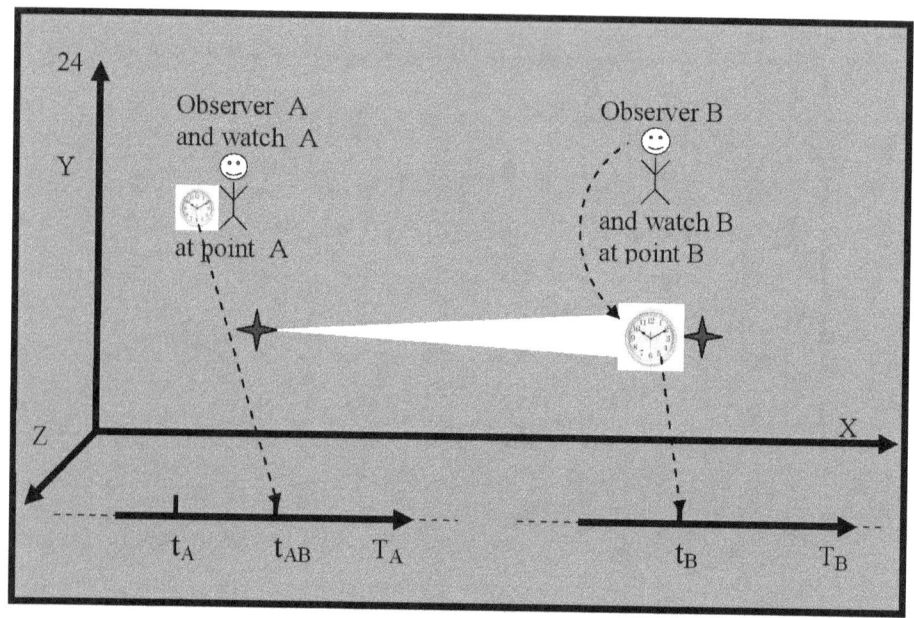

In Figuur 24 dui 'n stippelpyl die tydstip t_{AB} by klok aan A.

As ons aanneem dat klok B en horlosie A dieselfde tyd meet en vertoon, dan moet die oomblik van tyd t_B gelyk wees aan die oomblik van tyd t_{AB}.

Twee vrae ontstaan.

Die eerste vraag is:

Kan 'n waarnemer B, verstaan dat, t_B gelyk is aan t_{AB}, en 'n toeval sien van die gebeurtenis "wat op 'n oomblik in tyd plaasvind t_B" met die gebeurtenis "wat op 'n oomblik in tyd plaasvind t_{AB}"?

Die antwoord is nee. 'n Waarnemer B kan nie die lesings van die wysers van 'n waarnemer se horlosie sien A wat 'n oomblik in tyd aandui nie t_{AB}.

Sien figuur 25

EINSTEIN SE EERSTE FOUT

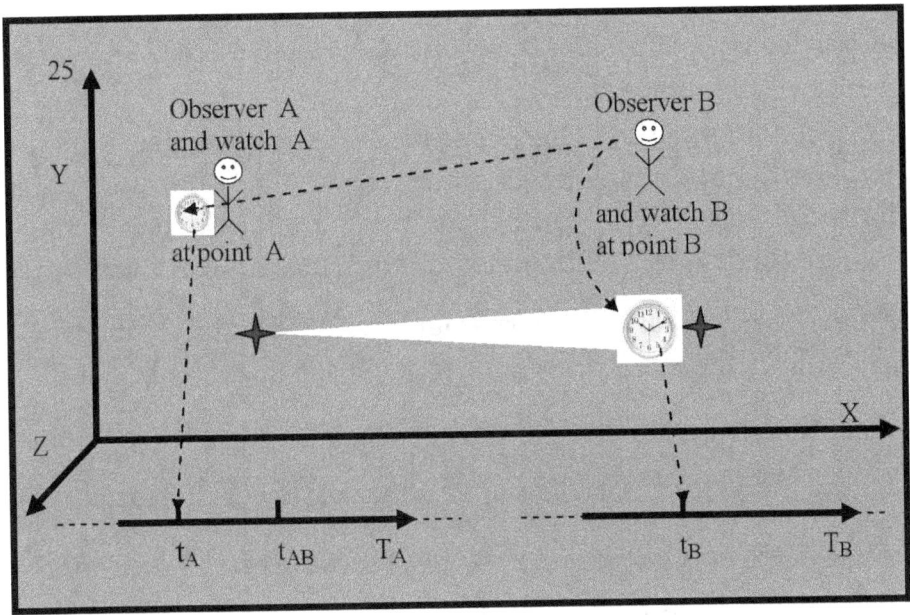

Figuur 25 toon dat 'n waarnemer B die lesings van die wysers van 'n horlosie sal sien A, wat 'n oomblik in tyd sal aandui t_A. Dit is omdat wanneer 'n waarnemer B na 'n waarnemer se horlosie A kyk, hy die ligbeeld van 'n horlosie sal sien A. Ons het reeds verduidelik dat dit lig is wat van die voorkant van 'n horlosie weerkaats word A en inligting dra oor die lesings van die wysers van 'n horlosie A. Die ligbeeld van 'n horlosie A beweeg saam met die begin van die ligpuls. Die begin van die polsslag en die beeld sal B saam by 'n punt aankom, en dit sal gebeur op 'n oomblik van tyd t_B gemeet deur 'n horlosie B.

Kortom, wanneer die ligpuls 'n horlosie verlig B, sal 'n waarnemer B op sy horlosie ' B n oomblik in tyd t_B sien, en sal op 'n horlosie ' A n oomblik in tyd sien t_A. Op hierdie punt in ons eksperiment kan die waarnemer B nie bewys dat die horlosies gesinchroniseer is nie.

Die tweede vraag is:

Kan 'n waarnemer A weet dat die oomblik van tyd t_{AB}

gemeet deur sy horlosie A gelyk is aan die oomblik van tyd t_B gemeet deur 'n horlosie B?

Die antwoord is nee. Dit is omdat 'n waarnemer A na die horlosie kyk B, maar dit is donker daar. Dit is donker omdat die weerkaatste ligstraal nog nie 'n waarnemer bereik het nie A. Kyk na figuur 23. Wanneer die ligstraal na die waarnemer terugkeer A, A sal die waarnemer eers die oomblik van tyd t_B op die horlosie sien B. Wanneer 'n waarnemer A die oomblik van tyd t_B op 'n horlosie B sien, sal hy na sy eie kyk klok, en sal die tyd t_B op klok vergelyk B met die tyd op sy eie horlosie A. 'n Waarnemer se horlosie A sal 'n oomblik van tyd wys t'_A wat nie gelyk is aan die oomblik van tyd nie t_B en wat nie gelyk is aan die oomblik van tyd nie t_{AB}. 'n Waarnemer A kan nie die saamval van die kloktydgebeurtenis t_B met die kloktydgebeurtenis B sien A nie t_{AB}. Dit is omdat lig teen 'n spoed van driehonderdduisend kilometer per sekonde beweeg en die afstand van punt B tot punt A in 'n reële tydsinterval aflê. Hierdie werklike interval is 'n vertraging wat die klok A tel. 'n Waarnemer A kan nie die tyd bepaal nie t_{AB} en kan nie die twee horlosies sinchroniseer nie.

Op hierdie stadium van die eksperiment kan die waarnemers A nie B die twee horlosies sinchroniseer nie

Die begin van die ligstraal word deur die gesig van 'n horlosie weerkaats B en begin na 'n waarnemer beweeg A.

Sien figuur 26.

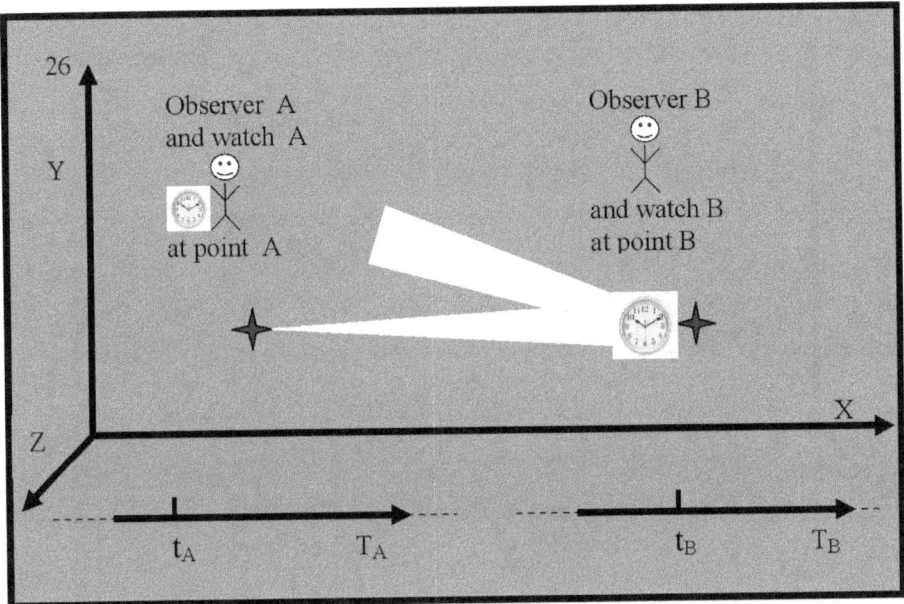

In Figuur 26 kan gesien word dat die tyd A nie op die tyd-as van 'n horlosie getoon word nie t_{AB}, omdat dit nie gedefinieer is nie.

Die begin van die ligstraal dra inligting oor die lesings van die wysers van 'n horlosie B.

Die begin van die ligstraal kom by 'n waarnemer aan A,
Sien figuur 27.

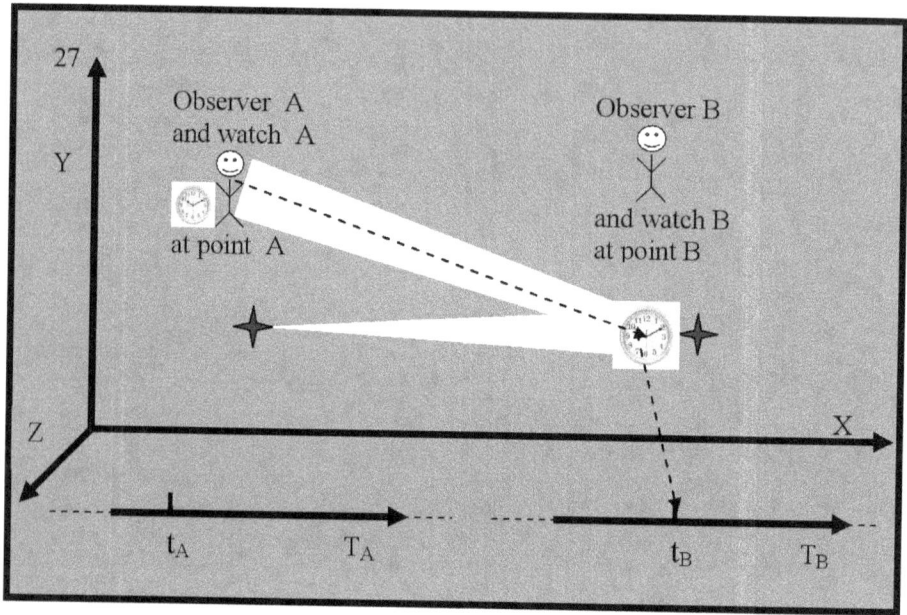

Figuur 27 toon dat 'n waarnemer A die ligbeeld van 'n horlosie sien B, en die lesings van die wysers van 'n horlosie B wat 'n oomblik in tyd aandui t_B.

Waarnemer A wat op sy horlosie kyk, sien dat dit op 'n oomblik in tyd gebeur t'_A.

Sien figuur 28.

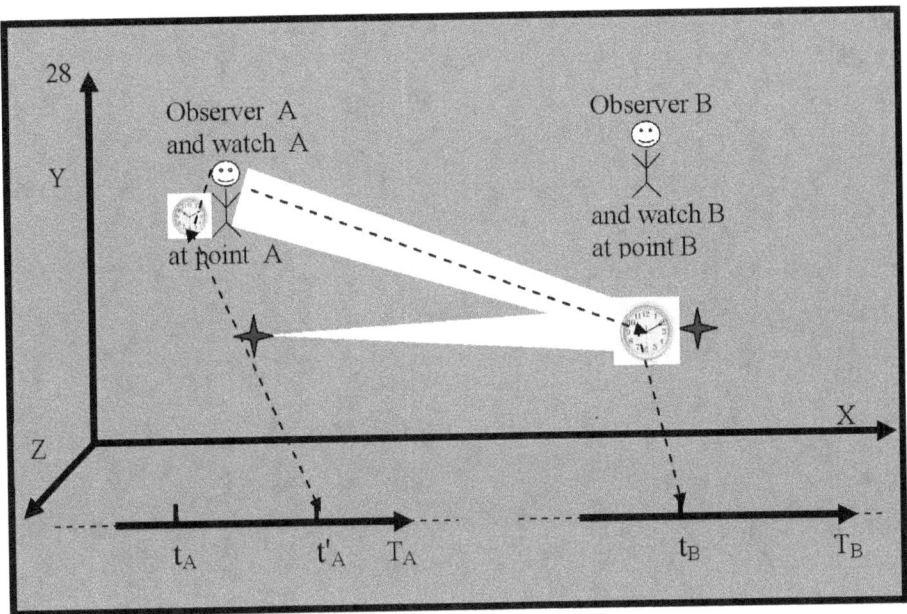

Wanneer 'n waarnemer A die lesings van die wysers van sy horlosie sien A wat 'n tydstip aandui t'_A, sal die wysers van 'n horlosie B na 'n sekere tydstip wys t_{BA}.

Sien Figuur 29.

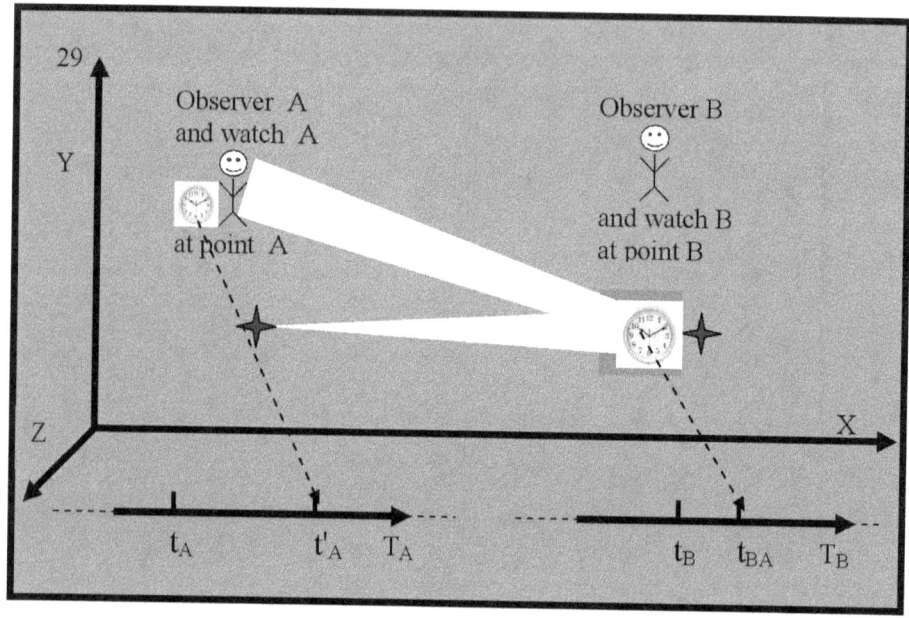

Figuur 29 toon wat 'n waarnemer A volgens sy horlosie sien, en wat 'n waarnemer B volgens sy horlosie sien.

As ons aanneem dat die horlosies sinchronies werk, dan moet die tyd oomblik t_{BA} gelyk wees aan die tyd oomblik t'_A.

Twee vrae ontstaan.

Die eerste vraag is:

Kan 'n waarnemer A weet dat die tydstip t'_A gemeet deur sy horlosie A gelyk is aan die tydstip t_{BA} gemeet deur klok B?

Die antwoord is nee.

Dit is omdat 'n waarnemer A na 'n horlosie kyk B, maar daar sien hy 'n oomblik in tyd t_B, waardeur tyd 'n waarnemer A tyd bepaal t'_A. Die ligbeeld van die lesings van die wysers van 'n horlosie B, wat die oomblik in tyd aandui t_{BA}, is by 'n horlosie B.

Wanneer die ligbeeld van die lesings van die wysers van 'n horlosie B, wat die oomblik van tyd aandui t_{BA}, aan 'n waarnemer teruggestuur word A, eers dan A sal die waarnemer die oomblik van tyd t_{BA} op die horlosie sien B. Maar wanneer dit gebeur, A sal die horlosie 'n heeltemal ander tyd wys. Waarnemer A kan nie die **toeval van gebeurtenis** oomblik in tyd t'_A, met gebeurtenis oomblik in tyd, sien nie t_{BA}.

'n Waarnemer A kan nie sê en bewys dat die horlosies gesinchroniseer is nie.

Die tweede vraag is:

Kan 'n waarnemer op een of ander manier B weet dat die oomblik van tyd t_{BA} gemeet deur 'n horlosie B gelyk is aan die oomblik van tyd t'_A gemeet deur 'n horlosie A?

Die antwoord is nee.

Dit is omdat 'n waarnemer B na die horlosie A kyk en die wysers van die horlosie sal sien A, wat 'n tyd sal aandui t_{AB} wat verskil van tyd t'_A. Die numeriese waarde van die oomblik van tyd t_{AB} sal iewers tussen die oomblik van tyd t_A en die oomblik van tyd wees t'_A.

Sien Figuur 30.

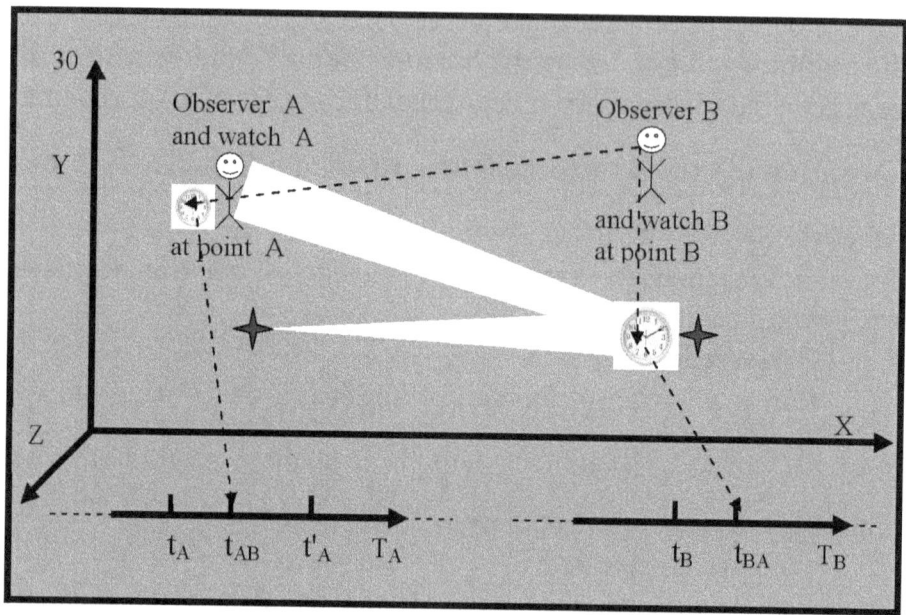

Figuur 30 toon wat 'n waarnemer sal sien B. Op 'n horlosie A sal hy 'n oomblik in tyd sien t_{AB}, op 'n horlosie B sal hy 'n oomblik in tyd sien t_{BA}. Die oomblik in tyd t_{AB} is anders as die oomblik in tyd t_{BA}.

Ons het die tweede eksperiment voltooi, wat ons in die donker uitgevoer het. In detail en in detail het ons die beweging van die ligstraal ontleed, en die manier verstaan waarop die oomblikke van tyd op die twee horlosies getel word. Ons sal die resultate opsom.

Sien Figuur 31.

EINSTEIN SE EERSTE FOUT

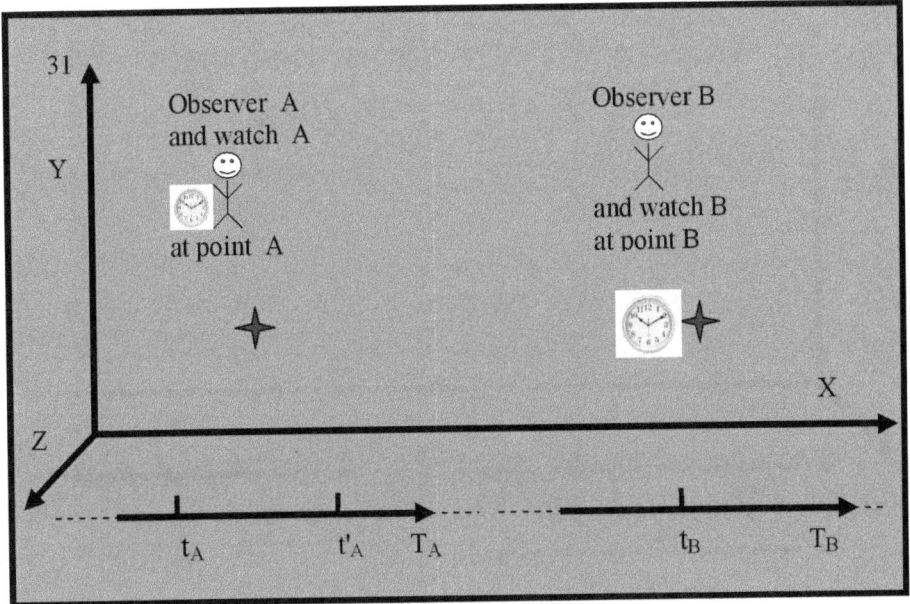

In figuur 31 word getoon watter oomblikke van tyd 'n waarnemer A deur sy horlosie gesien het, en watter oomblikke van tyd 'n waarnemer B deur sy horlosie gesien het.

'n Waarnemer B het op sy horlosie 'n oomblik in tyd gesien t_B wanneer die gesig van 'n horlosie verlig is B.

Waarnemer A het op sy horlosie 'n oomblik van tyd gesien t_A - die verskyning van die ligstraal, 'n oomblik van tyd - die t'_A terugkeer van die ligstraal, en die oomblik van tyd t_B, vanaf 'n horlosie B.

Ons sal hierdie feit in die volgende figuur wys, en ons sal "lig" ontleed.

Sien Figuur 32.

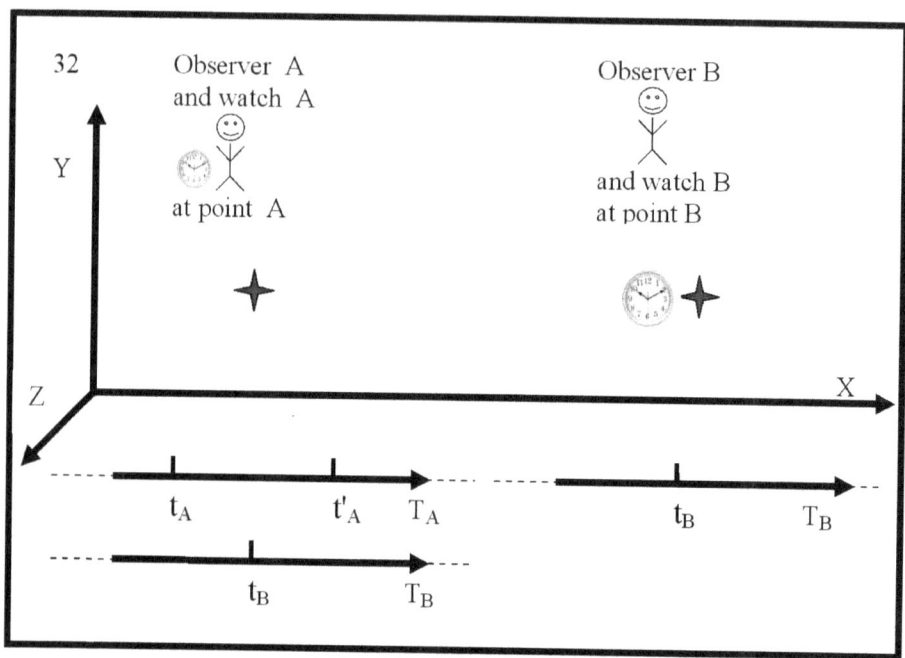

In figuur 32 kan gesien word dat 'n waarnemer onder 'n tydvektor B getoon word met 'n tydoomblik t_B wat deur 'n waarnemer gesien word B.

Onder die waarnemer A word twee tydvektore getoon, en die tydoomblikke wat die waarnemer gesien het A. Die tweede vektor is dié van 'n waarnemer B. Op hierdie manier kan die twee vektore, en die momente daarop, vergelyk word.

'n Tydoomblik t_B wat op 'n vektor T_B is, kan nie op die tydvektor geplaas word nie t_A. Dit is omdat die twee vektore van twee verskillende horlosies afkomstig is, en onafhanklik is. Dit is baie belangrik en moet onthou word. In fisikaboeke wys hulle een vektor van tyd, en op daardie vektor wys hulle die tyd van baie verskillende horlosies. Dit is 'n fout. Elke individuele horlosie moet sy eie tydvektor hê. Op hierdie manier is die tydontledings waar en duidelik.

Wanneer horlosies sinchroon werk, moet hulle dieselfde oomblikke van tyd wys.

Sien figuur 33.

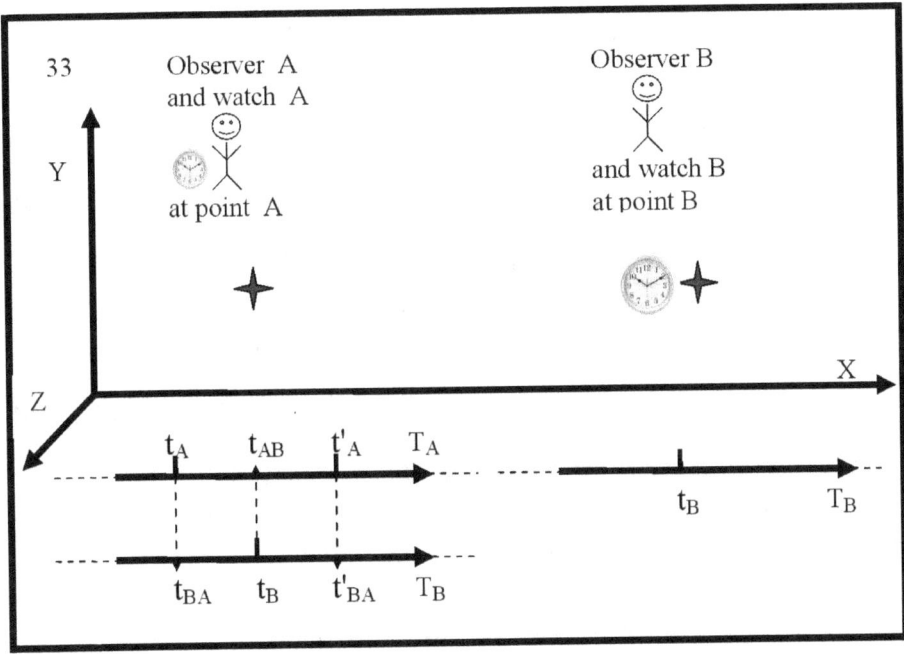

Figuur 33 toon dat tussen die twee tydvektore T_A en T_B stippelpyle word ingevoeg. Die pyle wys die verband tussen die verskillende tydmomente op die twee horlosies.

Wanneer 'n horlosie A 'n oomblik in tyd wys t_A, dan wys 'n horlosie B 'n oomblik in tyd t_{BA}.

Kyk na figuur 33.

Die numeriese waarde van 'n oomblik in tyd t_A moet gelyk wees aan die numeriese waarde van 'n oomblik in tyd t_{BA}. Hierdie gelykheid is **die eerste noodsaaklike voorwaarde** om te bewys dat die horlosies gesinchroniseer is. Dit beteken dat 'n waarnemer A die toeval van hierdie twee gebeurtenisse moes gesien het. Toeval van die gebeurtenis oomblik in tyd t_A met die gebeurtenis oomblik in tyd t_{BA}. In die ontleding wat ons gedoen het, het ons gewys en bewys dat 'n waarnemer A nie die toeval van hierdie twee gebeure kan sien en nie kan bewys nie. 'n Waarnemer A kan nie aan **die eerste** nodige voorwaarde voldoen nie, en kan nie bewys dat die horlosies gesinchroniseer is nie.

Wanneer 'n horlosie B 'n oomblik in tyd wys t_B, dan wys 'n horlosie A 'n oomblik in tyd t_{AB}.

Kyk na figuur 33.

Die numeriese waarde van 'n oomblik in tyd t_B moet gelyk wees aan die numeriese waarde van 'n oomblik in tyd t_{AB}. Hierdie gelykheid is **die tweede noodsaaklike voorwaarde** om te bewys dat die horlosies gesinchroniseer is. Dit beteken dat 'n waarnemer B die sameval van die gebeurtenis oomblik in tyd t_B met die gebeurtenis oomblik in tyd moet sien t_{AB}. In die ontleding wat ons gedoen het, het ons gewys en bewys dat 'n waarnemer B nie die toeval van hierdie twee gebeure kan sien en nie kan bewys nie. 'n Waarnemer B kan nie aan die **tweede** noodsaaklike voorwaarde voldoen nie, en kan nie bewys dat die horlosies gesinchroniseer is nie.

Wanneer 'n horlosie A 'n oomblik in tyd wys t'_A, dan wys 'n horlosie B 'n oomblik in tyd t'_{BA}.

Kyk na figuur 33.

Die numeriese waarde van 'n oomblik in tyd t'_A moet gelyk wees aan die numeriese waarde van 'n oomblik in tyd t'_{BA}. Hierdie gelykheid is **die derde noodsaaklike voorwaarde** om te bewys dat die horlosies gesinchroniseer is. Dit beteken dat 'n waarnemer A die toeval van hierdie twee gebeurtenisse moes gesien het. Toeval van die oomblik-in-tyd t'_A gebeurtenis met die oomblik-in-tyd gebeurtenis t'_{BA}. In die ontleding wat ons gedoen het, het ons gewys en bewys dat 'n waarnemer A nie die toeval van hierdie twee gebeure kan sien en nie kan bewys nie. 'n Waarnemer A kan nie aan **die derde** noodsaaklike voorwaarde voldoen nie, en kan nie bewys dat die horlosies gesinchroniseer is nie.

Ons ontleding het getoon dat 'n waarnemer A en 'n waarnemer B nie aan die drie voorwaardes kan voldoen nie, en nie hul horlosies kan sinchroniseer nie.

Nou kan sommige van die lesers beswaar maak dat ons drie nuwe voorwaardes vir sinchroniese werking ingestel het, terwyl volgens Albert Einstein, om die horlosies te sinchroniseer, net een voorwaarde vervul hoef te word, naamlik:

$$t_B - t_A = t'_A - t_B$$

Ja dit is.

Volgens Albert Einstein se metode, as die gelykheid waar is, dan t_B is, in die middel van die interval tussen t_A en t'_A, dus word die horlosies gesinchroniseer.

Nou deur 'n paar figure, sal ons twee baie belangrike dinge wys:

Eerstens.

Ons sal wys dat die tydsoomblik t_B in die middel van die interval tussen t_A en t_B kan **wees**, en tog sal die horlosies **nie** gesinchroniseer word nie.

Tweedens.

Ons sal wys dat die tydsoomblik t_B dalk **nie** in die middel van die interval tussen t_A en t'_A **die** horlosies is gesinchroniseer nie.

Wanneer ons hierdie twee dinge sien, sal ons weet dat Albert Einstein se metode verkeerd is.

Eerstens sal ons sinchronies lopende horlosies wys.

Sien figuur 34.

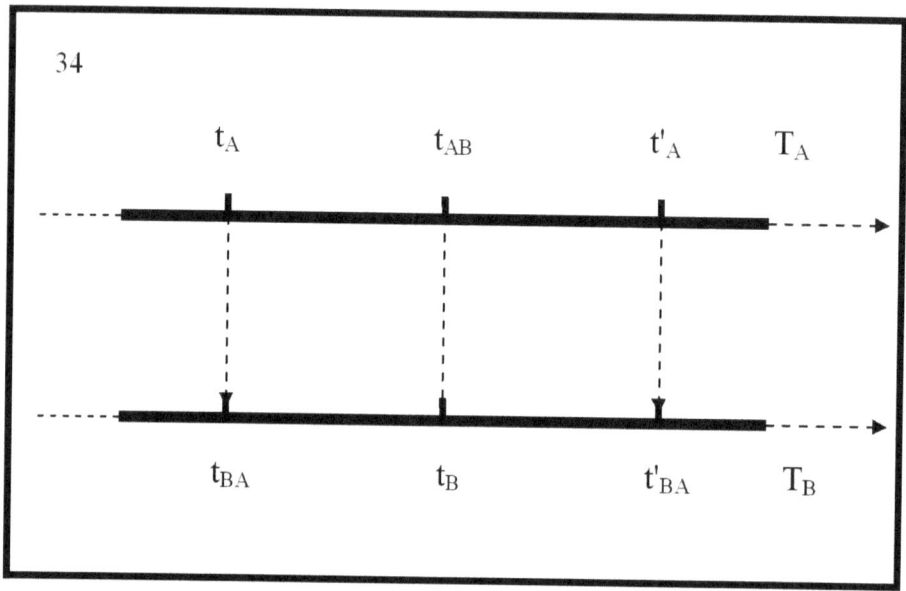

In Figuur 34 word die kloktydvektor A a wat is T_A, en die kloktydvektor a B wat is, getoon T_B.

Die oomblikke van tyd van horlosie A en horlosie B val saam. Tyd t_B oomblik, is gelyk aan tyd oomblik t_{AB}, en t_B is in die middel van die interval tussen t_A en t'_A. Alle voorwaardes vir sinchroniese werking van die horlosies word nagekom. Die horlosies werk sinchronies.

In die volgende figuur word die tydvektore en tydoomblikke van die twee horlosies weer gewys.

Sien Figuur 35.

EINSTEIN SE EERSTE FOUT

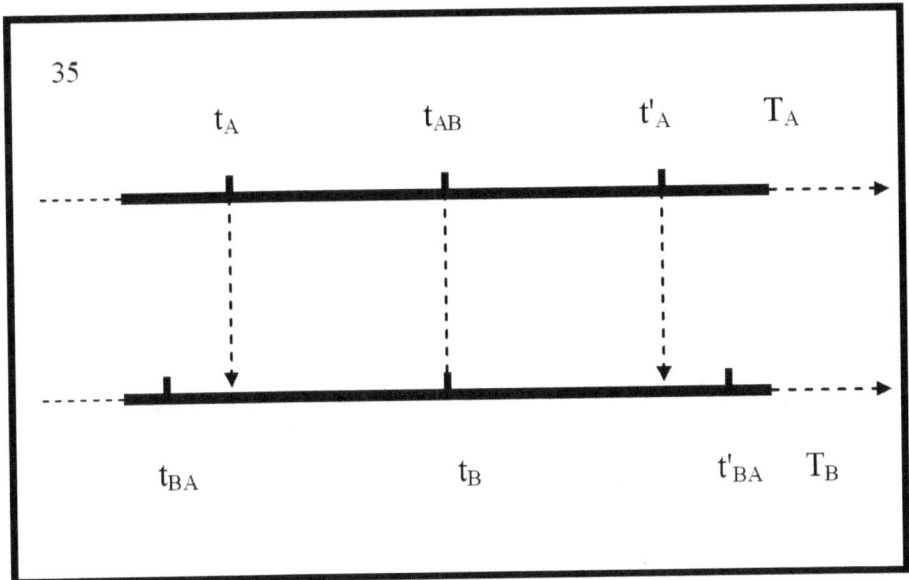

In Figuur 35 kan gesien word dat die oomblik van tyd t_A nie saamval met die oomblik van tyd nie t_{BA}, en die oomblik van tyd t'_A nie saamval met die oomblik van tyd nie t'_{BA}. Slegs die tyd oomblik t_B, val saam met die tyd oomblik t_{AB}, en is in die middel van die interval tussen t_A en t'_A. Volgens Albert Einstein, wanneer hy t_B in die middel is, is die horlosies gesinchroniseer. Maar ons sien dat hulle nie gesinchroniseer is nie. In die uitvoering van Einstein se eksperiment is dit moontlik om hierdie resultaat te verkry waarin die navorser nie kan verstaan dat daar 'n fout is nie.

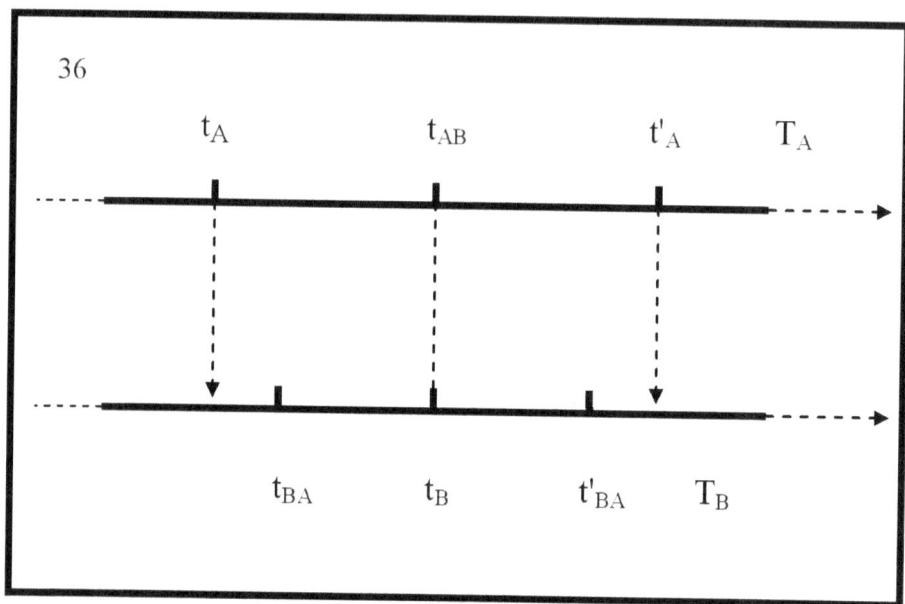

In figuur 36 sien ons dat die oomblik t_A nie saamval met die oomblik nie t_{BA}, en die oomblik t'_A nie saamval met die oomblik nie t'_{BA}. Die oomblik t_B val saam met die oomblik t_{AB}, en is in die middel van die interval tussen t_A en t'_A, maar die horlosies is nie gesinchroniseer nie.

Sien figuur 37.

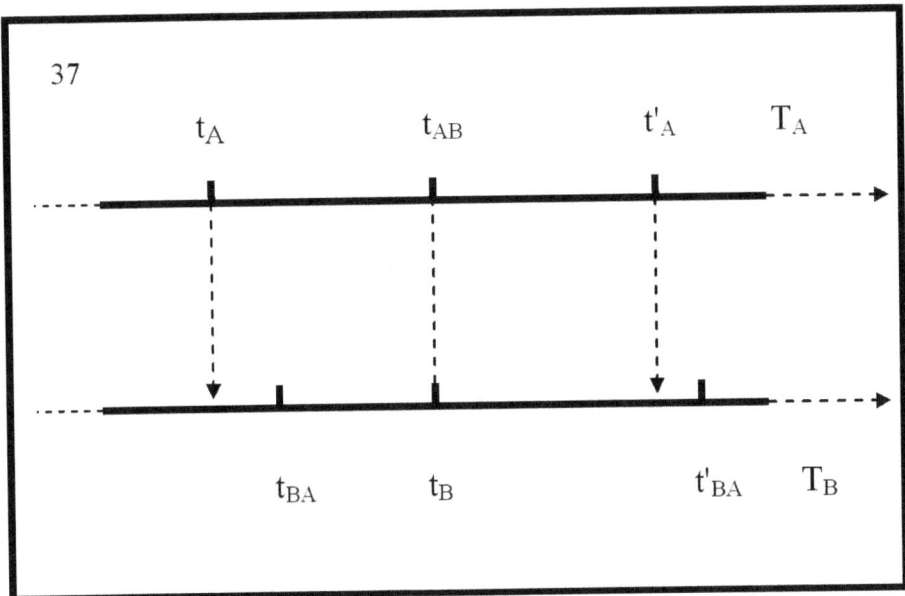

In figuur 37 sien ons dat die oomblik t_A nie saamval met die oomblik nie t_{BA}, en die oomblik t'_A nie saamval met die oomblik nie t'_{BA}. Die oomblik t_B val saam met die oomblik t_{AB}, en is in die middel van die interval tussen t_A en t'_A, maar die horlosies is nie gesinchroniseer nie.

Kom ons kyk nou na figuur 38:

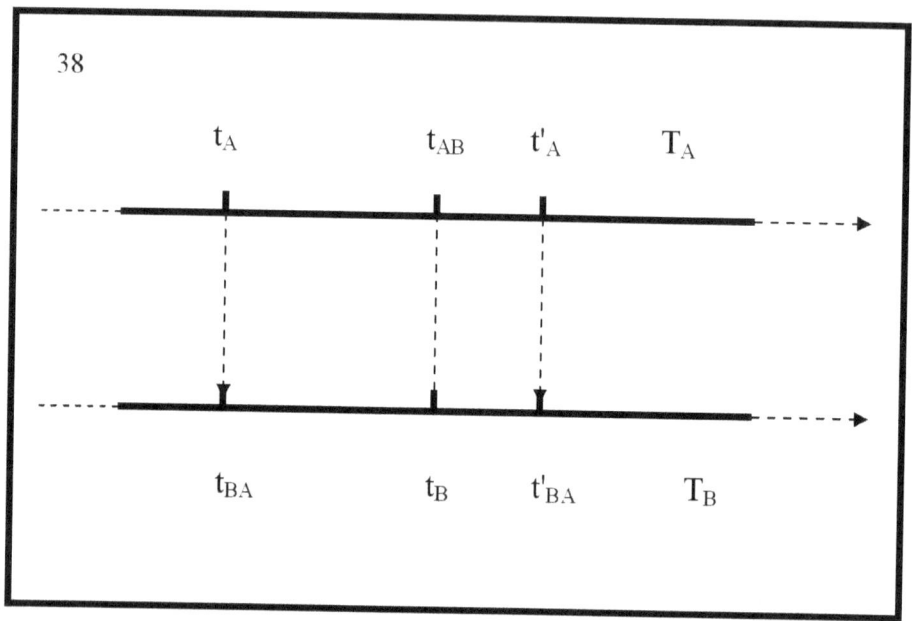

Figuur 38 toon dat die oomblik t_A saamval met die oomblik wat t_{BA} die eerste voorwaarde vervul word, die oomblik t_B saamval met die oomblik t_{AB}, die tweede voorwaarde is vervul, die oomblik t'_A saamval met die oomblik t'_{BA}, is aan die derde voorwaarde voldoen.

Al drie oomblikke van tyd op 'n horlosie A val saam met die drie oomblikke van tyd op 'n horlosie B, wat beteken dat die **horlosies gesinchroniseer is**. Maar ons sien dat die oomblik t_B, wat saamval met die oomblik t_{AB}, **nie** in die middel van die interval tussen t_A en is nie t'_A. Volgens Albert Einstein, as die oomblik t_B nie in die middel van die interval tussen t_A en t'_A is nie, is die horlosies nie gesinchroniseer nie. Dit laat die vraag ontstaan, wie is reg? Ons of Albert Einstein? Beoordeel self.

Sommige van die lesers wat lees wat ek geskryf het, kan beswaar maak dat dit baie gedetailleerde ontledings is, en onnodig ingewikkelde redenasies.

Ek stem nie saam met so 'n beswaar nie.

Ek stem nie saam nie, want ons ontleed die beginsels en

grondslag van die Tory van Relatiwiteit.

Die Relatiwiteitsteorie, in sy voltooide vorm, oorweeg al die effekte wat verband hou met fisiese tyd. In die Relatiwiteitsteorie is tyd 'n veranderlike grootheid. Die spoed van tyd verskil, en hang af van swaartekrag en die spoed waarmee verskillende fisiese liggame relatief tot mekaar beweeg.

Byvoorbeeld, in die Relatiwiteitsteorie is daar die swartgat-verskynsel. In 'n swart gat is die spoed van tyd nul, en elke sekonde word 'n oneindig lang tydinterval.

Daarom, wanneer horlosies wat tyd sal meet in die Relatiwiteitsteorie sinchroniseer, moet die sinkroniseringsmetodes baie presies wees. Alle aksies wat uitgevoer word en gemik is op sinchronisasie moet noukeurig ontleed word. Onduidelikhede en onakkuraathede word nie toegelaat nie.

4. OPLOSSING VIR DIE PROBLEEM

Verskeie kriteria is moontlik om die sinchrone werking van ten minste twee horlosies te bewys.

Dit is belangrik om te weet en altyd te onthou dat:

Eerstens:

Die hoeveelheid moontlike kriteria om sinchrone bewegings te bewys is oneindig groot.

Sien "Tyd. Ruimte. Beweging. Rus. Relatiwiteit. Absolute" LAP LAMBERT Academic Publishing (2018-08-30)

Tweedens:

Die definisie van spesifieke kriteria word deur die navorser gedoen. Die keuse van 'n spesifieke metode hang af van die wetenskaplike en navorsingstake wat opgelos moet word. Die keuse van manier (metode) is altyd 'n konvensie, wat 'n ooreenkoms tussen ten minste twee navorsers is.

Derde:

Die sinchronisiteitskriterium is van toepassing op die toestand van beweging van ten minste twee dinge. Die sinchronisiteitskriterium kan nie op die rustende toestand toegepas word nie.

Vierde:

Die maatstaf vir *sinchroniese werking* van ten minste twee horlosies is iets anders as die maatstaf vir *gelyktydige en akkurate tydmeting* deur ten minste twee horlosies.

Ons sal die Klassieke kriteria vir die kontrolering van die sinchrone werking van ten minste twee horlosies oorweeg en ontleed. Met behulp van figure sal ons wys hoe bewegings gesinchroniseer word.

Sien Fig 3 9.

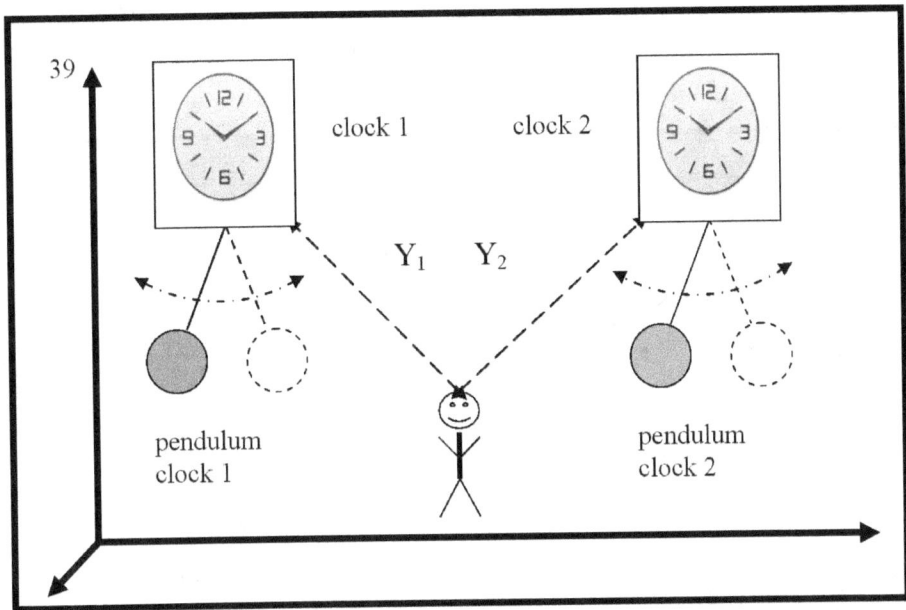

In Figuur 3 9 is twee meganiese sikliese horlosies sigbaar. Meganiese sikliese horlosies is dié wat 'n slinger het.

Sien "Tyd. Ruimte. Beweging. Rus. Relatiwiteit. Absolute" LAP LAMBERT Academic Publishing (2018-08-30)

word gesien wat ewe ver van die horlosies is. Die afstand Y_1 is gelyk aan die afstand Y_2.

Die waarnemer word op 'n presies gedefinieerde wyse relatief tot die horlosies geposisioneer. Die manier waarop die waarnemer geposisioneer is, laat die waarnemer toe om klokslinger een en klokslinger twee te sien.

Klokslinger Een en Klokpendulum Twee is heel links geposisioneer.

Die stippellyn wys die heel regter posisie wat die slinger by klok een sal swaai en die heel regter posisie wat die slinger by klok twee sal swaai.

In die uiterste regterposisie en in die uiterste linkerposisie is klokslinger een en klokslinger twee in rus.

In die algemene geval kan die horlosies nie gesinchroniseer wees nie, en dan beweeg klokslinger een en klokslinger twee relatief tot die waarnemer op 'n verspringende wyse.

Sien Figuur 40.

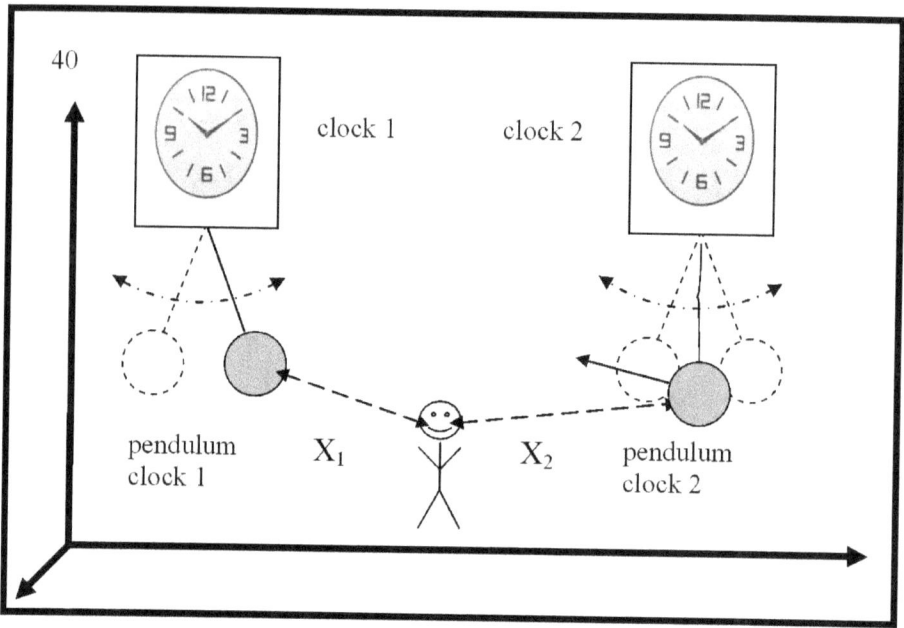

Figuur 40 toon dat klokslinger een in rus is relatief tot die waarnemer. Maar in die figuur word getoon dat die slinger van klok twee aanhou beweeg en die waarnemer nader. Die afstand X_1 is minder as die afstand X_2.

In hierdie geval moet die waarnemer die nodige aksies neem om 'n sameloop van die gebeurtenis "rustoestand van slinger een" met die gebeurtenis "rustoestand van slinger twee" te verkry. Dit kan op verskillende maniere gedoen word. Ons sal nie die prosedures beskryf wat uitgevoer moet word om bypassende gebeurtenisse te verkry nie. Ons sal 'n metode ontleed om die sinchrone werking van die twee horlosies te kontroleer.

Ons sal 'n eksperimentele geval oorweeg waar aanvaar word dat die horlosies gesinchroniseer is en geverifieer moet word.

EINSTEIN SE EERSTE FOUT

Sien Figuur 41

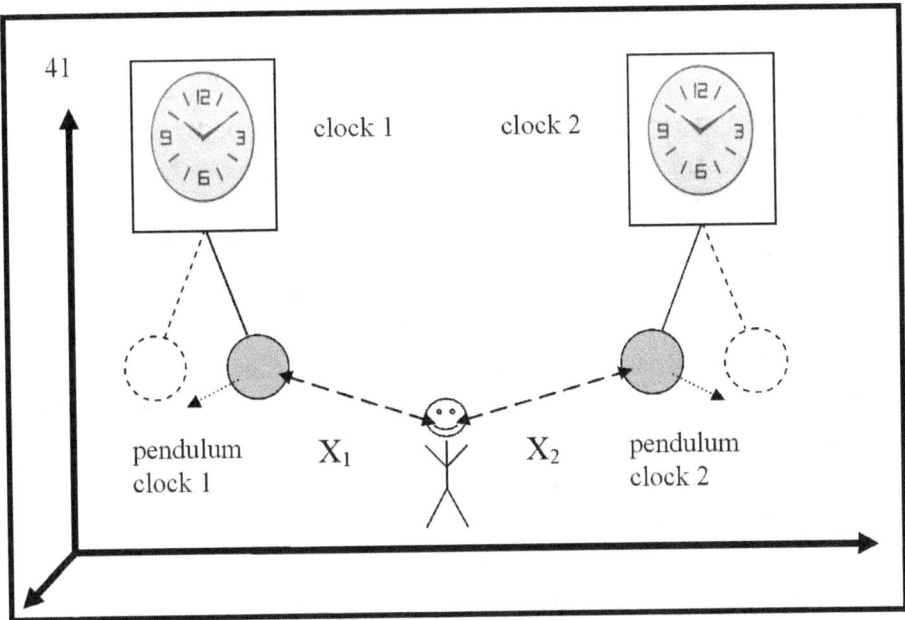

Figuur 41 toon klokslinger een en klokslinger twee wat in teenoorgestelde rigtings beweeg. Wanneer die slinger van horlosie een na links beweeg, beweeg die slinger van horlosie twee na regs. Die waarnemer neem die beweging van die slingers van die twee horlosies waar. Die waarnemer moet vasstel dat die beweging van die twee slingers sinchronies is. Die waarnemer moet kriteria kies vir sinchroniese beweging van pendulum een en pendulum twee. Dit word op die volgende manier gedoen.

Die waarnemer merk op dat wanneer klokslinger een die naaste aan die waarnemer is, klokslinger een in rus is relatief tot die waarnemer, en dan in die teenoorgestelde rigting begin beweeg.

Wanneer klokpendulum twee die naaste aan die waarnemer is, is klokslinger twee in rus relatief tot die waarnemer, en begin dan in die teenoorgestelde rigting beweeg. Die toestand van die kamers in die een slaapkamer en die toestand van die kamers in die slaapkamer twee is twee verskillende gebeure. Die waarnemer het die geleentheid om die toeval van die twee gebeurtenisse waar te neem en te verifieer.

Wanneer 'n toeval van die twee gebeurtenisse plaasvind, voeg die waarnemer die twee gebeurtenisse saam in een nuwe gebeurtenis wat genoem word "toeval van 'n *russlingergebeurtenis een* met 'n *russlingergebeurtenis twee* ". Die gebeurtenis "toeval van 'n gebeurtenis in *rus slinger een* met 'n gebeurtenis in *rus slinger twee* " is 'n noodsaaklike voorwaarde vir die waarnemer om te bewys dat die beweging van slinger een sinchronies is met die beweging van slinger twee. Maar dit is nie genoeg nie. 'n Voldoende voorwaarde is wanneer die gebeurtenis "toeval van die gebeurtenis van *russlinger een* met die gebeurtenis van *russlinger twee* " nog een keer plaasvind. Dit moet op die volgende swaaisiklus van pendulum een en pendulum twee gedoen word.

Die waarnemer weet dat die beweging van die slinger van klok een en klok twee nog nie gesinchroniseer is nie, daarom gaan die waarnemer noukeurig voort om die beweging van slinger een en slinger twee te monitor. Die waarnemer verwag dat in die volgende siklus, van beweging van slinger een en slinger twee, vir die tweede keer weer die gebeurtenis "toeval van *rus slinger een* met *rus slinger twee* " sal plaasvind

rus slinger een met *rus slinger twee* " nog een keer plaasvind (vir die tweede keer op dieselfde manier), dan kan die waarnemer aflei dat die beweging van die pendulum een, is sinchronies met die beweging van pendulum twee.

Dit is belangrik om te weet en te onthou dat die waarnemer die gebeurtenis "toeval van *rus slinger een* met *rus slinger twee* " kan waarneem as en net omdat (en wanneer) hy op **ewe ver** van die twee horlosies geleë is. As hierdie voorwaarde nie nagekom word nie, kan die wedstryd nie waargeneem word nie.

Die kriteria wat vir sinchroniese bewegings getoon word, is elementêr. Aansienlik meer komplekse kriteria is moontlik. Die keuse is aan die navorser.

Ons het 'n metode beskryf waardeur dit moontlik is om sinchrone bewegings en sinchrone werking van twee horlosies te bepaal.

In die gespesifiseerde kriteria wat ons gebruik het, word

die konsep van tyd nêrens gebruik nie. Dit word heel doelbewus gedoen. Sinchroniese bewegings (beweeg deur die ruimte) hoef nie die idee van fisiese tyd bewys of weerlê te word nie.

Die verskynsel van tyd benodig bewese sinchrone bewegings. Wanneer sinchroniese bewegings gedemonstreer word, is dit moontlik om die verskynsel van fisiese tyd te ontleed.

5. ONTLEDING 02.02.2022.

Hierdie bespreking is op die tweede dag van Februarie tweeduisend twee-en-twintig gemaak. Dit is pret.

In 1905 het Einstein die artikel " Zur elektrodinamiek verhuiser Kö rper " , Annalen der Physik , 1905 17, 891-921.
In paragraaf twee van die artikel definieer Einstein twee beginsels van Spesiale Relatiwiteit, soos volg:

Eerste beginsel.

Die wette waardeur die toestande van fisiese sisteme verander, hang nie af van watter van die twee sisteme in eenvormige reglynige beweging relatief tot mekaar na hierdie veranderinge verwys word nie.

Tweede beginsel.

Elke ligstraal beweeg in 'n ruskoördinaatstelsel met 'n sekere spoed V , ongeag of hierdie straal uit 'n rus of 'n bewegende liggaam uitgestraal word. Daarbenewens moet $velocity = \frac{beam..path}{time..interval}$ **as "tydinterval" verstaan word in die sin van die definisie in paragraaf een.**

Let wel: ($velocity = \frac{beam..path}{time..interval}$) = (snelheid = straalpad / tydinterval)

Maar ek is spyt om daarop te let dat Einstein in paragraaf een nie

'n definisie van "**tydinterval**" gee nie. Nog erger, in paragraaf een gebruik Einstein, nie een keer nie, die term "**interval van tyd**". En tog het Einstein daarop aangedring dat **'n tydsinterval** in die sin van paragraaf een verstaan moet word.
Wat beteken die frase:

"**... moet verstaan word binne die betekenis van die definisie in paragraaf een**".

Dit kan nie 'n definisie wees nie. Hierdie manier van analise doen is nie korrek nie. Dit lei tot misverstande en 'n reeks foute. Dit beteken dat wanneer verskillende navorsers paragraaf een lees, hulle verskillende idees oor 'n **tydinterval sal kry**. Wanneer hulle verskillende idees kry, sal hulle anders dink oor **die tydinterval**. Dis reg, dit behoort nie te gebeur nie. Mense is anders en sien matinligting verskillend. Dit is heeltemal normaal, en dit sal altyd wees. Dit is die rede waarom elke enkele navorser so duidelike, so presiese en so kort as moontlik definisies moet bied.
Dan lees die leser die definisie, en 'n duidelike idee van die verskynsel wat gedefinieer word, word in sy gedagtes geskep. Wanneer die voorstellings van twee navorsers duidelik is, kan hierdie twee voorstellings identies wees. Dit is die doel van elke enkele definisie wat in die wetenskap geskep word.
Einstein het nie hierdie doel bereik nie. Ek het die gevoel dat hy om een of ander rede nie vir homself so 'n taak gestel het nie, en asof hy doelbewus nie 'n definisie van die begrip "tydinterval" aangebied het nie. Sommige lesers kan argumenteer dat dit nie so belangrik is nie, en dit maak nie saak vir die Spesiale Relatiwiteitsteorie nie. Ek sal so antwoord: Ek stem kategories nie saam nie. **Die interval van tyd** is 'n fundamentele en belangrike konsep in Spesiale Relatiwiteit, miskien die belangrikste van die twee beginsels. **Die interval van tyd** speel 'n sleutelrol in die skepping van die wiskundige apparaat van die Spesiale Relatiwiteitsteorie. Die wiskundige uitdrukkings is elementêr, en dit is maklik om te sien dat wanneer die Relatiwiteitsteorie geskep word, die "**interval van tyd**" **fisiese tyd word**, deur

die Lorentz-formule. Einstein was die eerste wat 'n definisie van die konsep van Fisiese Tyd voorgestel het. Dit is myns insiens sy hoofbydrae tot die wetenskap. Fisiese tyd is 'n fundamentele (basiese, belangrike) konsep in die Spesiale Relatiwiteitsteorie, in die Algemene Relatiwiteitsteorie , en in die wetenskap van fisika. Niemand anders het voor Einstein veronderstel dat die verskynsel van FISIESE TYD bestaan nie.

Einstein het hierdie hipotese in 1910 in die artikel " Le principe de relativite ses consequents dans physique moderne " uitgedruk . In hierdie vraestel het Einstein tydintervalle gebruik en daardeur die hipotese van FISIESE TYD geskep.

Daarom , wanneer die term "tydsinterval" gedefinieer word, moet die definisie heeltemal duidelik, perfek presies, perfek presies wees. Wanneer duidelikheid, akkuraatheid en akkuraatheid afwesig is, beteken dit dat verborge hipoteses, en gedetailleerde aksiomatiese waarhede, of halwe definisies , teenwoordig kan wees. Dit is wanneer die grootste foute en dwalings in die wetenskap verskyn.

In die gespesifiseerde formule $t_B - t_A = t'_A - t'_B$ word die tydinterval gedefinieer, slegs en slegs vir 'n horlosie A. In die gegewe formule is daar geen kloktydinterval nie B. Die tydinterval vir klok A, word in versteekte vorm gebruik, en vir klok B. Dit is presies wat 'n verborge hipotese genoem word. In die eerste deel van die artikel probeer ek aantoon wat die gevolge van hierdie verskuilde hipotese is. Volgens Einstein is die horlosies gesinchroniseer, maar uit die ontleding wat ons gedoen het, is dit baie duidelik dat die horlosies dalk nie gesinchroniseer is nie. Dit is 'n klassieke voorbeeld van hoe een onakkuraatheid lei tot onsekerheid in die hele hipotese. Hierdie onbepaaldheid verander in 'n onjuistheid, en het ernstige gevolge vir Spesiale Relatiwiteit, Algemene Relatiwiteit en die wetenskap van fisika.

Baie verskillende navorsers het die Spesiale Relatiwiteitsteorie ontleed, en het hul persoonlike houding teenoor Einstein se hipotese getoon. Een deel is ondersteuners, 'n ander deel is opponente. Albei stem saam dat die twee beginsels die belangrikste is en die basis is van die Spesiale Relatiwiteitsteorie. Maar albei maak baie dikwels dieselfde fout, naamlik, hulle haal nie die hele tweede beginsel aan nie. Hulle merk nie op dat die laaste sin van die beginsel deel van die beginsel self is en 'n **tydinterval verteenwoordig nie** . As hulle hom wel aanhaal, let hulle nie op wat gesê is nie en ontleed dit nie .

Weereens die tweede beginsel:

Elke ligstraal beweeg in 'n ruskoördinaatstelsel met 'n sekere spoed V **, ongeag of hierdie straal uit 'n rus of 'n bewegende liggaam uitgestraal word.** Verder $velocity = \dfrac{beam..path}{time..interval}$, as "tydinterval" moet verstaan word in die sin van die definisie van paragraaf een".

In die laaste sin van die tweede beginsel (die rooi een), het Einstein eers die term " **tydsinterval** " gebruik, en onmiddellik daarna beweer dat " **tydinterval** " in paragraaf een gedefinieer is. Ek het paragraaf een baie noukeurig en herhaaldelik gelees. Ek wou 'n definisie van "tydsinterval" vind. Ongelukkig het ek nie so 'n definisie gevind nie. As enige leser daarin slaag, skakel asseblief in. Ek sal dankbaar wees.

Ek kan nie so 'n definisie aanvaar wat op hierdie manier voorgestel word nie. Die konsep **van tydinterval o** benodig 'n definisie wat van die rangorde van beginsel is, met betrekking tot die Relatiwiteitsteorie. In die Relatiwiteitsteorie is 'n " **interval van tyd** " 'n spesifieke gemeet, HOEVEELHEID TYD, van KWALITEIT FISIESE TYD. Waarin, KWALITEIT FISIESE TYD relatief is. Die verskynsel " **tydinterval** " is teenwoordig in ALLE EEN ONEINDIGE AKTUALITEIT. Dit is absoluut gelyktydig aanwesig, en hou verband met die filosofiese kategorie TYD , en die objektief bestaande verskynsel TYD.

****

Die interval word vir slegs een horlosie gedefinieer, en hierdie interval moet gelyk wees aan die interval van die ander horlosie.

Hier ontstaan die vraag, wat beteken die gelykheid van twee tydintervalle. Toeval van twee punte in tyd moet altyd bewys word. Die begintyd van die eerste interval moet ooreenstem met die begintyd van die tweede interval, en die eindtyd van die eerste interval moet ooreenstem met die eindtyd van die tweede interval. Dit word toeval van gebeure in tyd genoem, wat 'n perfekte idee van Einstein is. Wanneer die toeval bewys is, dan is dit moontlik om te sê dat die twee intervalle gelyk is. Dit is die oordeel, en in die menslike kop word 'n idee van gelykheid van twee tydintervalle geskep. Daar moet altyd onthou word dat die idee van iets anders is as die ding self. Die konsep van tyd is anders as die verskynsel van tyd. Ek sê dit omdat ek vas oortuig is dat die konsep van **die verskynsel van fisiese tyd** heeltemal anders is as die konsep van die **verskynsel van filosofiese tyd**. Die filosofiese **kategorie van tyd** dui op 'n werklikheidsverskynsel wat fundamenteel verskil van Einstein se fisiese tyd. Die moderne ontwikkeling van fisika toon dat hierdie feit nie in ag geneem word nie.

****

meting van 'n **hoeveelheid tyd** word gedoen deur 'n " **tydinterval** " te gebruik en word gebruik om afstand te meet. Wanneer 'n afstand gemeet word, word 'n standaard gebruik. Elke maatstaf (vir afstand) het twee eindpunte. Die twee eindpunte van die koepon val saam met twee punte van die EEN oneindige doeltreffendheid.
Die toeval van punte in die Ruimte is absoluut. Die sameloop van twee punte van een lyn met twee punte van 'n ander lyn is altyd absoluut gelyktydig. Dit is **die voorkoms van gebeure in tyd**. Die toeval van hierdie punte het nie die hipotese van relatiewe tyd nodig nie. Wanneer die standaard nie beweeg nie, moet die saamval van punte hier en nou absoluut gelyktydig wees met die saamval van punte daar en nou.
Die ware stelling is:
Toe, **hier en nou**, het ons 'n toeval met, **daar en nou**.

Daar en nou is volgens die horlosie, **hier en nou** . Wanneer die afstande geneig is om oneindig groot of oneindig klein te wees, is die bepaling van 'n **tydinterval** 'n moeilike taak. En as daar nie 'n presiese definisie is nie, **word die tydinterval** 'n utopie.

6 ONTLEDING 22022022

Hierdie ontleding is op twee-en-twintig Februarie, tweeduisend, twee-en-twintig uitgevoer. Nog 'n snaakse toeval.

In sy ontleding het Einstein die konsepte van tyd, ruimte, tydinterval, tydstip, kriteria van sinchronisasie, klok en tydmeting gebruik. Einstein het konsepte gebruik met die idee dat konsepte uiters duidelik, verstaanbaar is en geen verduideliking nodig het nie. Maar dit is nie so nie. Die gelyste konsepte dien om sekere fisiese verskynsels aan te dui. Fisiese **verskynsels** bestaan objektief. Objektief bestaan beteken dat verskynsels onafhanklik is van bewussyn (menslike denke) en dat dit buite die menslike bewussyn is en dat dit nie 'n produk van menslike bewussyn is nie. Fisiese verskynsels het 'n sekere wese. Die essensie van enige spesifieke verskynsel is 'n stel individuele dele. Elke deel het 'n sekere eienskap. Elke eienskap is 'n vorm van beweging of 'n vorm van rus.

Die som van die individuele dele behoort tot 'n hele essensie . Bewussyn weerspieël die verskynsel en sy wese. Denke is 'n hoër vorm van refleksie (soek die internet vir "Theory of Reflection" Akademikus Todor Pavlov). Die proses van dink dek een of ander deel van die oneindige stel moontlike verbande tussen die eienskappe van die dele, van die wese van die verskynsel. Dit is moontlike verbande tussen vorme van beweging en vorme van rus. Om te dink, as 'n hoër vorm van refleksie, van 'n bepaalde onderwerp is enkelvoud, enkelvoud, wat beteken dit is absoluut. Dit beteken dat in die EEN oneindige WERKLIKHEID, geen twee entiteite dieselfde dink nie. Elke spesifieke entiteit is enkelvoud, absoluut, en weerspieël die EEN ONEINDIGE WERKLIKHEID, op sy eie, subjektief unieke manier. As gevolg van die besinning verskyn idees oor die vorm en inhoud van die **konsep** in die gedagtes van die subjek, waardeur die bestaande verskynsel objektief aangewys word. Vakke ontleed en kommunikeer deur middel van konkrete konsepte. Die vorm van die konkrete konsep wat deur verskillende vakke gebruik word, is dieselfde (dit is dieselfde woord), maar die inhoud van die konkrete konsep wat deur verskillende vakke gebruik word, verskil. Menswetenskap is die resultaat van die uitvoer van kollektiewe subjektiewe ontledings, en die vorming van spesifieke gevolgtrekkings deur middel van spesifieke konsepte. Subjekte verklaar konkrete gevolgtrekkings en konkrete konsepte tot subjektiewe waarheid (hipotese), en dit is 'n konvensie, 'n kontrak van subjektiewe waarheid, wat 'n hipotese is. In die hipotese kom dieselfde konsepte met verskillende inhoude voor. Die teenwoordigheid van konsepte met verskillende inhoude beteken dat daar 'n teenwoordigheid van aksiomatiese verborge hipoteses is.

Een van die belangrike take van menslike wetenskap is die bepaling en uitskakeling van verborge, geïmpliseerde, aksiomatiese, subjektiewe waarhede.

Moderne fisika is vol arbitrêre hipoteses wat in alle menslike wetenskap versteek is. Dit is 'n beduidende gebrek wat deur die gebruik van toepaslike wetenskaplike metodes oorkom kan word. Die Teorie van Kennis (epistemologie) rig ons na die wetenskap van Filosofie, wat Metodologie is met betrekking tot die private wetenskappe. Ek sal hierdie feit gebruik om 'n geskikte definisie-omgewing te skep. Die definisie-omgewing is 'n som van definisies van belangrike fisiese konsepte, en reëls vir hoe die definisies gebruik word.

7. DEFINISIE OMGEWING

Definisie een.
Die filosofiese **kategorie** TYD dien om die **verskynsel van** TYD aan te dui.

Definisie twee.
Die verskynsel van TYD **bestaan** onafhanklik van **bewussyn** .

Definisie drie.
Die verskynsel van TYD is ' **n eienskap** van die EEN oneindige AKTUALITEIT.

Definisie vier.
'n "Tydinterval" is 'n **hoeveelheid** TYD.

Definisie vyf.
Spesifieke **hoeveelheid** TYD behoort aan 'n **enkele kwaliteit** TYD

Definisie ses.
Om **kwaliteit** TYD te definieer is 'n konvensie.

Definisie sewe.
Elke gebeurtenis is 'n **verskynsel** wat 'n **essensie besit**

Die definisie-omgewing is nodig vir die ontleding van die verskynsel TYD. Die definisie-omgewing word toegelaat om verander te word, of heeltemal anders, wat 'n nuwe konvensie is. Maar dit moet aan die begin van elke ontleding teenwoordig wees. Indien nie, is die ontleding onmoontlik.

8. VERDUIDELIKINGS VIR DIE DEFINISIE-OMGEWING.

Na definisie een.
Die filosofiese **kategorie** TYD dien om die **verskynsel van** TYD aan te dui.

Verduideliking:
In die wetenskap van Filosofie is daar basiese belangrike konsepte wat **kategorieë genoem word**. Die konsep van TYD is 'n filosofiese *kategorie*. Die konsep van **verskynsel** is 'n filosofiese kategorie wat tot die Dialektiese Logika sisteem behoort. Dialektiese Logika is 'n deel van filosofiese kennis wat die ontwikkeling van absolute Gees definieer (sien Hegel "Fenomenologie van Gees")

Na definisie twee.
Die verskynsel van TYD **bestaan** onafhanklik van **bewussyn**.

Verduideliking:
Wanneer en as **bewussyn** verdwyn, sal TYD aanhou **bestaan**. Die konsepte van **bewussyn** en **bestaan** is filosofiese kategorieë wat in Refleksieteorie gedefinieer word. Refleksieteorie is 'n deel van filosofiese kennis wat handel oor die studie van REFLEKSIE as die **hoofeienskap** van die EEN oneindige AKTUALITEIT. Die eiendom van REFLEKSIE is die oorsaak van die ONTWIKKELING van ABSOLUTE GEES en MATERIE. In wetenskapsfilosofie word die hoofeienskap van die **ding** aangedui deur **die kategorie-kenmerk**. Wanneer en as die **ding** van die eienskap gestroop word, dan hou

die **ding** op om te **bestaan.**

Die filosofiese kategorie **bestaan, dit** behoort aan die Theory of Reflection (Sien die internet, Akademikus Todor Pavlov "Theory of Reflection").

Die vingi-bestaan is in RUIMTE en in TYD.

Die konsepte RUIMTE, MATERIE, ABSOLUTE GEES is kategorieë van filosofie.

Die kategorie ENKELE oneindige AKTUALITEIT dien om die oneindige veelheid van **objekte** en **subjekte aan te dui** (sien " Tyd . Ruimte . Beweging . Rus . Relatiwiteit . Absolute " Lambert uitgewery 2018 "). Die konsepte van **objek** en **subjek** is filosofiese kategorieë wat ontleed, gedefinieer word en tot Refleksieteorie behoort.

Die kategorieë **iets** en **niks** behoort aan die Dialektiese sisteem.

Na definisie drie.

Die verskynsel van TYD is ' **n eienskap** van die EEN oneindige AKTUALITEIT.

Verduideliking:

Die filosofiese kategorie **-kenmerk** dui op 'n onherroeplike eienskap. Elke **verskynsel** het 'n onherroeplike eienskap. Ek het reeds gesê dat wanneer die onherroeplike eiendom van **die verskynsel** weggeneem word , hou **die verskynsel** op om te **bestaan** . Wanneer die TYD-kenmerk weggeneem word van die EEN oneindige AKTUALITEIT, hou die ENIGSTE ONEINDIGE WERKLIKHEID op om te bestaan.

Na definisie vier.

'n "Tydinterval" is 'n **hoeveelheid** TYD.

Verduideliking:

"Tydinterval" word gemeet met 'n TYD-meettoestel. Die meettoestel van TIME meet 'n **hoeveelheid** tyd. Die meettoestel van TYD word 'n horlosie genoem. **Die hoeveelheid** moontlike **horlosies** , in die EEN oneindige WERKLIKHEID, is oneindig groot.

Na definisie vyf.

Spesifieke **hoeveelheid** TYD behoort aan 'n **enkele kwaliteit** TYD

Verduideliking:
Die tipe TYD is **kwalitatief** gedefinieer TYD.
Byvoorbeeld, relatiewe TYD is **kwaliteit** TYD, absolute TYD is 'n ander **kwaliteit** TYD, Einstein se fisiese TYD is **kwaliteit** TYD, logies TYD is **kwaliteit** . Meer kan gelys word...

Na definisie ses.
Om **kwaliteit** TYD te definieer is 'n konvensie.

Verduidelikings:
  In 1898 het Poincaré 'n artikel gepubliseer. (" Tyd meting .")
«Revue de Metaphysique et de Morale» (1898, t. VI, p. 1 -13).
  Dit is 'n wonderlike ontleding van die probleme wat ontstaan in die bepaling van maniere om tyd te meet. In die proses van analise ondersoek Poincaré verskeie reëls wat gebruik kan word, en maak twee noodsaaklike gevolgtrekkings:

"In hierdie bespreking wil ek die aandag op twee punte vestig.
1. Die toepaslike reëls is redelik uiteenlopend.
2. Dit is moeilik om die kwalitatiewe probleem van gelyktydigheid van die kwantitatiewe probleem van tydmeting te skei'.

  In die verre jaar 1898 is wat Poincaré gesê het 'n ware profesie van wat nou gebeur, in die jaar 2022. Poincaré wys die probleme wat ontstaan wanneer die verskynsel van TYD bestudeer word. Dit is probleme wat die ontwikkeling van fisika en alle moderne wetenskap stop.
  En wanneer Poincaré weer intervalle van tyd ondersoek, sê hy:

"Ons moet die volgende gevolgtrekking maak. Ons kan nie direk deur intuïsie of die gelyktydigheid of die gelykheid van twee tydintervalle bepaal nie. As ons glo dat ons sulke intuïsie het, is ons mislei. Ons vervang dit met 'n paar reëls wat ons amper altyd gebruik sonder om dit te besef."

Poincaré het dit in 1898 gesê! Dit was agt jaar voor 1905, toe Einstein sy eerste referaat oor die Relatiwiteitsteorie gepubliseer het (" Zur elektrodinamiek verhuiser K ö rper "). In hierdie artikel het Einstein oor 'n tydinterval begin dink, en probeer om 'n definisie van 'n tydinterval te skep. Maar Einstein het nie daarin geslaag nie. My persoonlike mening is dat Poincaré baie meer geweet het as Einstein. Poincaré was deeglik bewus van die probleme wat opgelos moes word wanneer die verskynsel van TYD ontleed is. Dit was hierdie kennis wat Poincaré verhinder het om die Relatiwiteitsteorie te skep soos Einstein die teorie geskep het. Einstein het 'n intuïtiewe begrip van die verskynsel van TYD gehad.

En juis daarom moet intuïtiewe kennis van tyd volgens Poincaré vervang word deur reëls vir tydmeting. Wanneer tydmetingsreëls verskyn, dan verskyn die TYD **kwaliteit konvensie .**

Reëls is definisies, konvensie is 'n definisiedomein. Die definisie area definieer kwaliteit TYD. Die reëls wat in die konvensie aangebied word, moet aan sekere vereistes voldoen.

Hier is Poincaré se woorde:

"Wat is die kern van hierdie reëls?
Daar is geen algemene reël nie. Daar is baie private reëls wat in elke spesifieke geval gebruik word. Hierdie reëls word nie op ons afgedwing nie, en ons mag ander uitdink. Maar hulle kan nie verander word wanneer hulle die formulering van fisiese wette, wette van meganika en sterrekunde bemoeilik nie. Daarom kies ons hierdie reëls nie omdat dit waar is nie, maar omdat dit die gerieflikste is, en ons kan soos volg opsom:

Die gelyktydigheid van twee gebeurtenisse, of die volgorde van hul opeenvolging, moet bepaal word deur die gelykheid van twee duur, sodat die formulering van natuurwette so eenvoudig as moontlik is. Met ander woorde, al hierdie reëls, al hierdie definisies, is slegs die vrug van onbewustelike ooreenkomste .

Meer as honderd jaar gelede het Poincaré 'n program geskep

vir die toekomstige ontwikkeling van hipoteses oor die verskynsel TYD. Hierdie program moet nou gebruik word. Ek stem saam met Poincaré se ontleding en deel sy idees oor die ontwikkeling van wetenskap wat die verskynsel TYD bestudeer. Poincaré se ontledings bevat 'n groot heuristiese lading. Dit is rigtinggewende idees wat ons wat die TYD-verskynsel ontleed moet volg.

Na definisie sewe.
Elke gebeurtenis is 'n **verskynsel** wat 'n **essensie besit.**

Verduideliking:
In die artikel " Zur elektrodinamiek verhuiser K ö rper " geskryf in 1905, het Albert Einstein die term "toeval van gebeure" bekend gestel en voorgestel dat dit gebruik word om gelyktydigheid van gebeure te definieer. Hier is wat dit sê:

"As 'n horlosie by 'n punt A in die ruimte geleë is, dan kan die waarnemer, geleë by A , die tyd van gebeure in die onmiddellike omgewing van A bepaal deur te vra vir die toeval van die posisies van die wysers van die horlosie wat gelyktydig is met hierdie gebeure."

Dit word uit die teks verstaan dat Einstein probeer om **die tyd van gebeure** wat naby klok A geleë is vas te stel deur die posisies van die klokwysers. Die oordeel wat Einstein gemaak het, is redelik intuïtief, nie duidelik nie, en moet verder ontleed word.
Einstein het gepraat van talle gebeurtenisse wat in die omgewing van 'n horlosie plaasvind. Elkeen van hierdie gebeurtenisse val saam met die posisie van die wysers van die horlosie. Einstein het nie opgemerk dat in hierdie geval die "posisie van die wysers van die klok" 'n gebeure verteenwoordig nie. Maar dan, dit is twee gebeurtenisse, van twee onafhanklike gebeurtenisse wat saamval. Dit gee Einstein rede om hulle gelyktydig te noem. Dan, die toeval van ten minste twee gebeurtenisse, waarvan een die posisie van die wysers van **'n enkele** horlosie is, definieer ten minste een oomblik in tyd. Dit is 'n baie goeie idee van Einstein, wat ons heeltyd sal gebruik. En dan, gebeure **verskyn** ('n verskynsel verskyn), met 'n **essensie** wat toeval is. Die

'klokposisie'-gebeurtenis het 'n numeriese waarde. Die numeriese waarde verskyn in die horlosie, en word toegeken aan die "klok wysers posisie" gebeurtenis. Die twee gebeurtenisse, wat twee **verskynsels** is, het dieselfde **wese**, wat as 'n toeval aangewys word.

En dan het die toeval dieselfde spesifieke numeriese waarde, en word 'n **oomblik van tyd genoem**.

Dit word gewoonlik aangedui deur T_n of t_n, waar, $n = 0,1,2,3,....\infty$

'n Oomblik in tyd is altyd óf die begin óf die einde van een of ander **tydinterval**. Óf die begin óf die einde van die konkrete **tydinterval word toegelaat** om onbekend te wees, en dan word óf die einde óf die begin nie deur die navorser kommentaar gelewer nie.

9. GEVOLGTREKKING

Mens kan sê dat wat ek geskryf het nie so belangrik is nie, en Spesiale Relatiwiteit is korrek.
Ek sal baie kortliks argumenteer:
Spesiale Relatiwiteit is 'n teorie van fisiese tyd. Fisiese tyd is deur Einstein gedefinieer. Fisiese tyd is relatief. Einstein se metode gebruik 'n eenvoudige wiskundige uitdrukking:

$$t_B - t_A = t'_A - t_B$$

Deur hierdie uitdrukking het Einstein die konsep van "*tydinterval*" gedefinieer.
In Spesiale Relatiwiteit word "*tydinterval*" "*fisiese tyd*". Wanneer daar twyfel bestaan dat **die tydinterval** verkeerd is, beteken dit dat fisiese tyd verkeerd is en dat Spesiale Relatiwiteit verkeerd is.

www.ingramcontent.com/pod-product-compliance
Lightning Source LLC
Chambersburg PA
CBHW070306220526
45465CB00004B/1763